AF462568

RÉSUMÉS

DES

CONFÉRENCES AGRICOLES

FAITES

AU CHAMP D'EXPÉRIENCES DE VINCENNES

PENDANT LA LA SAISON DE 1864

PARIS. — IMP. SIMON RAÇON ET COMP., RUE D'ERFURTH, 1.

RÉSUMÉS

DES

CONFÉRENCES AGRICOLES

FAITES

AU CHAMP D'EXPÉRIENCES DE VINCENNES

PENDANT LA SAISON DE 1864

PAR M. GEORGES VILLE

RECUEILLIES

PAR H. JOULIE

PHARMACIEN EN CHEF DE L'HÔPITAL SAINT-ANTOINE

PARIS

ÉTIENNE GIRAUD, LIBRAIRE-ÉDITEUR

20, RUE SAINT-SULPICE, 20

1865

A M. H. JOLLIE

Mon cher Ami,

J'ai lu avec le plus vif intérêt vos résumés des conférences de Vincennes. Pour rendre avec tant de netteté et une précision si grande la pensée d'un autre, il faut posséder en maître le fond du sujet.

Vos résumés ont leur place marquée à côté de l'œuvre originale et je ne puis qu'approuver, quant à moi, la pensée que vous avez eue de les publier. Je n'éprouve qu'un regret, c'est de ne pouvoir saisir cette occasion, pour dire de votre mérite tout le bien que j'en pense.

Votre bien affectionné,
GEORGES VILLE.

Ce 8 mars 1865.

RÉSUMÉS

DES

CONFÉRENCES AGRICOLES

FAITES

AU CHAMP D'EXPÉRIENCES DE VINCENNES

PENDANT LA SAISON DE 1864.

PREMIÈRE CONFÉRENCE

FAITE LE DIMANCHE 5 JUIN 1864

MESSIEURS,

Par suite des persévérants efforts dont l'étude des végétaux a été l'objet dans ces derniers temps, la production agricole a été élevée au rang d'un problème scientifique. C'est dans cet esprit que je l'ai étudiée à mon cours du Muséum, depuis plusieurs années. Ici mon langage sera plus simple, plus libre, plus pratique; mais il conservera néanmoins le caractère qui convient à la science, cette dernière étant la base essentielle de tout ce que j'ai à vous enseigner.

Si l'on veut définir les conditions qui déterminent la production végétale, les influences qui en modifient le cours et les forces qui en régissent les manifestations, il faut commencer par remonter aux éléments mêmes des végétaux : il faut faire abstraction du végétal en tant qu'individualité organique, pour ne le considérer que dans le jeu des combinaisons chimiques dont il est le siége et le résultat.

L'analyse de tous les végétaux connus ou des produits que l'on en peut extraire conduit à ce fait très-inattendu : que quinze éléments seulement concourent à ces innombrables formations. Ces quinze éléments qui, seuls, servent à constituer toute matière végétale, se subdivisent en deux groupes : 1° les éléments organiques, que l'on ne rencontre guère que dans les productions des règnes organisés, et dont l'origine se trouve dans l'air et dans l'eau ; ce sont :

Le Carbone
L'Hydrogène
L'Oxygène
L'Azote ;

2° Les éléments minéraux qui résistent à la combustion et qui dérivent de l'écorce solide du globe ; ce sont :

Le Potassium	Le Soufre
Le Sodium	Le Phosphore
Le Calcium	Le Chlore
Le Magnésium	Le Fer
Le Silicium	Le Manganèse.
L'Aluminium	

Les végétaux ne sont en définitive, au point de vue spécial où nous nous plaçons, que les combinaisons variées dont ces quinze éléments sont susceptibles. De même qu'une langue parvient à exprimer nos pensées les plus profondes et les plus délicates, comme les plus vulgaires, au moyen du petit nombre de lettres qui composent son alphabet, de même la production végétale affecte les formes les plus variées, les propriétés les plus dissemblables au moyen de ces quinze éléments seulement, qui sont comme le véritable alphabet de la langue de la nature.

Mais s'il en est ainsi, nous sommes fondés à assimiler le végétal à une combinaison minérale quelconque, plus compliquée sans doute, mais que nous pouvons espérer reproduire de toutes pièces au moyen de ses éléments, comme nous le faisons lorsqu'il s'agit des espèces minérales. Cette proposition, quelque étonnante qu'elle puisse vous paraître, n'est pourtant que l'expression exacte de la vérité. Permettez-moi, pour vous le démontrer, d'établir un parallèle entre les végétaux et les minéraux, aux divers points de vue qui caractérisent plus particulièrement ces derniers. Commençons par le mode de formation et d'accroissement.

Au premier abord, nous n'apercevons que des différences. Un cristal suspendu dans une dissolution saline s'accroît par le dépôt à sa surface de molécules semblables de composition et de forme à celles qui constituent son noyau. Ces molécules, diffusées au sein de la dissolution, obéissent aux lois de l'attraction moléculaire et viennent ainsi augmenter la masse du cristal primitif. Le végétal, au contraire, ne trouve pas dans l'atmosphère ou dans le sol avec lesquels il est en rapport de la matière végétale diffusée. Il puise au-dehors par ses feuilles et par ses racines ses éléments premiers, les fait pénétrer dans son intérieur, et là les élabore mystérieusement, pour leur faire revêtir définitivement la forme sous laquelle il se présente à nos yeux. Nous pouvons néanmoins dire que le travail de la production végétale a quelque chose de commun avec celui de la formation d'un minéral. Dans les deux cas, en effet, nous voyons un centre d'attraction qui s'empare des molécules venues du dehors. Dans le cas, plus simple, du minéral, la combinaison des éléments est effectuée préalablement ; il ne se produit qu'un groupement mécanique. Dans le cas plus compliqué du végétal, la combinaison et le groupement mécanique se produisent en même temps et au sein même de la plante. De part et d'autre s'engendre une formation par la réunion d'éléments matériels définis ou définissables.

Au point de vue de la composition, les végétaux semblent d'abord plus simples puisqu'ils ne dérivent que de quinze éléments, tandis que soixante-huit concourent à la production des minéraux. Mais ils sont en réalité plus complexes, puisque chacun d'eux renferme toujours à la fois les quinze éléments, tandis que les minéraux pris individuellement n'en contiennent jamais qu'un très-petit nombre, cinq à six tout au plus. Chez les végétaux aussi, la combinaison est plus intime. Dans les minéraux, en effet, chacun des constituants conserve jusqu'à un certain point ses propriétés individuelles. Dans les sulfates, par exemple, il est facile de mettre en évidence la présence de l'acide sulfurique, en y versant de la baryte qui fait avec lui un précipité blanc, insoluble, de sulfate de baryte, aussi bien dans ces sels que dans l'acide sulfurique lui-même. De plus, en retirant ainsi l'acide sulfurique d'un sulfate, nous n'avons pas détruit cet acide, nous n'avons fait que le déplacer. Il n'en est point de même du groupe d'éléments qui forme un végétal. Dans celui-ci, tout caractère individuel disparaît. Qui peut voir dans une plante le charbon, l'azote, la potasse, etc., qui la constituent ? L'ensemble seul manifeste ses propriétés et l'on n'en peut séparer aucun élément à moins de le détruire sans retour.

Malgré ces différences essentielles, nous avons affaire dans les deux cas à des combinaisons matérielles, c'est-à-dire à des phénomènes de même nature, dont l'un est plus compliqué que l'autre ; ce sont deux termes éloignés d'une même série.

Terminons ce parallèle par la comparaison des forces qui, dans les deux cas, déterminent le groupement des éléments.

Lorsque l'attraction s'exerce à de grandes distances, dans les espaces planétaires par exemple, elle ne dépend que du poids des masses réagissantes, et aucunement de leur nature. Quand, au contraire, elle s'exerce au contact, comme dans les combinaisons chimiques, elle dépend à la fois de la masse et de la nature des éléments. On désigne sous le nom d'affinité cette nouvelle forme, plus compliquée, de l'attraction générale. La pesanteur, premier terme de la série que nous appelons attraction universelle, règle les mouvements et l'harmonie des astres. L'affinité, second terme de cette même série, règle le jeu des combinaisons minérales. Si nous examinons, à ce point de vue, la formation des végétaux, nous voyons qu'elle représente un cas encore plus compliqué de l'attraction universelle, un troisième terme de la série, si je puis m'exprimer ainsi. En effet, le résultat dépend ici, à la fois, des masses réagissantes, de la nature des éléments mis en présence, et de l'action d'une force nouvelle qui a son siége dans l'embryon, se diffuse de là dans le végétal et imprime à la combinaison qui se produit son cachet spécifique.

Prenez, en effet, deux graines de la même espèce, ayant le même poids. A chacune de ces graines enlevez un morceau pesant aussi le même poids. Seulement, à l'une, comprenez l'embryon dans cette amputation ; à l'autre, laissez l'embryon intact et coupez un fragment du périsperme, puis mettez-les toutes deux sur une éponge imbibée d'eau. La graine sans embryon ne tardera pas à entrer en putréfaction ; l'autre, au contraire, donnera naissance à un végétal capable d'absorber et d'organiser tous les produits résultant de la désorganisation de la première. Il y a donc dans cet embryon une puissance nouvelle, d'essence organique, qui vient modifier le cours ordinaire des affinités.

Mélangez du chlore et de l'hydrogène dans l'obscurité, il n'y aura pas de combinaison. Soumettez ce mélange à l'action des rayons solaires, il se produit immédiatement une détonation et le mélange gazeux se trouve remplacé par un produit nouveau, l'acide chlorhydrique.

Voilà donc deux éléments, incapables d'entrer en

combinaison par eux-mêmes et qui acquièrent cette faculté par l'intervention d'une force étrangère, la lumière. La chimie minérale est remplie d'exemples de ce genre. Je me crois donc en droit de ne pas voir, dans la complication plus grande des végétaux sous ces divers rapports, une raison suffisante pour croire que la nature ait tracé entre eux et les minéraux une ligne de démarcation absolue, et pour admettre que les lois de leur formation n'ont rien de commun avec celles, mieux connues, qui régissent les productions du règne inorganique. Je pense, au contraire, que la nature est une dans ses lois générales et que par une observation attentive, aidée de l'expérience, nous pouvons arriver à les connaître dans tous leurs effets. Je n'aperçois donc rien d'irrationnel dans la prétention d'arriver à réaliser artificiellement les conditions dans lesquelles elles s'exercent pour produire les végétaux, comme la science est déjà parvenue à le faire en ce qui concerne les minéraux.

Cette conclusion acquerra, je l'espère, une évidence de plus en plus grande à mesure que nous pénétrerons plus avant dans nos études, et tout d'abord je vais lui donner une confirmation très-significative en vous montrant que la nature ne passe pas brusquement du minéral au végétal, de la matière brute à la matière organisée ; mais qu'il existe, au contraire, tout un ordre de composés, nous conduisant insensiblement de l'une à l'autre et formant le pont qui relie ces deux séries de productions.

Ces composés, que pour cette raison nous nommerons les produits transitoires de l'activité organique, se rangent en deux groupes différents : les hydrates de carbone et les albuminoïdes. En voici, au reste, l'énumération :

PRODUITS TRANSITOIRES DE L'ACTIVITÉ ORGANIQUE :

	Hydrates de Carbone.	Albuminoïdes.
Insolubles.	Cellulose. . . . . Amidon.	Fibrine.
Semi-solubles.	Gomme adragante. . . . Mucilages. . . . . Pectine.	Caséine.
Solubles.	Gomme arabique. . . . . Dextrine. . . . . Sucres.	Albumine.

Étudions d'abord les hydrates de carbone.

Considérés isolément, ces corps semblent très différents les uns des autres.

La cellulose qui est la matière première de tous les tissus végétaux, est dure, insoluble dans l'eau et résiste à l'action de la plupart des réactifs;

L'amidon se présente en globules formés de couches concentriques. Il se tuméfie et produit gelée avec l'eau bouillante ou avec une dissolution faible de potasse. Il bleuit par la teinture d'iode;

La pectine fait aussi gelée avec l'eau, mais ne bleuit pas par la teinture d'iode;

La gomme adragante et les mucilages se gonflent dans l'eau froide mais ne se dissolvent pas;

La gomme arabique se dissout dans l'eau froide;

Enfin, les sucres se dissolvent et cristallisent, présentant ainsi l'un des caractères essentiels des substances minérales.

Eh bien, tous ces corps forment une série régulière dont les types que je viens de caractériser ne sont que des termes éloignés. Mais on trouve dans la nature tous les intermédiaires qui peuvent nous faire passer insensiblement de chacun d'eux à celui qui le suit. C'est ainsi que la cellulose se présente à nous sous des états de cohésion fort différents, depuis le bois et le périsperme du dattier où elle est extrêmement dure, jusqu'aux jeunes pousses de tous les végétaux et au parenchyme des fruits où elle n'est pas plus agrégée que de l'empois d'amidon. Celui-ci, qui est en globules solides et isolés comme des grains de sable dans la pomme de terre et dans le froment, se rencontre à l'état visqueux dans d'autres plantes et passe ainsi peu à peu à la forme des gommes et des mucilages. Entre ceux-ci et les sucres qui cristallisent, on trouve le sucre incristallisable, etc., etc.

Là ne s'arrêtent pas les analogies que ces corps présentent entre eux. Il est possible, en effet, de les transformer artificiellement les uns dans les autres par des réactions de laboratoire très-simples. Sous l'influence des acides étendus et d'une ébullition prolongée, tous se résolvent en sucre de raisin qui semble être la forme la moins organisée, la plus voisine de la nature minérale que ce type puisse revêtir. Comme pour donner à tous ces rapprochements une raison supérieure, l'analyse élémentaire assigne à tous ces composés une seule et même formule. Tous renferment 12 équivalents de carbone unis aux éléments de l'eau en proportion variable, et peuvent être ainsi représentés $C^{12}(HO)^n$, ce qui leur a valu la dénomination d'hydrates de carbone.

A côté de cette série de composés ternaires, on trouve également dans tous les végétaux les albuminoïdes qui, aux trois éléments que je viens d'indiquer, en joignent un quatrième, l'azote, en quantité importante, et deux autres : le soufre et le phosphore en très-faible proportion.

Ces composés, beaucoup plus complexes que les précédents, se présentent comme eux sous trois formes essentielles : insoluble, semi-soluble et soluble, auxquelles répondent les trois types fibrine, caséine et albumine. Comme les précédents, ils se rencontrent dans la nature sous des états très-variés et peuvent être transformés les uns dans les autres par des réactions de laboratoire. Les hydrates de carbone et les albuminoïdes forment donc deux séries parallèles qui existent côte à côte au sein de tous les végétaux et qui y subissent constamment les diverses transformations dont ils sont susceptibles.

Voyez, en effet, ce qui se passe pendant la germination d'un grain de blé. L'hydrate de carbone existe dans la graine sèche sous forme d'amidon, et l'albuminoïde sous forme de gluten ou fibrine. A mesure que l'eau pénètre, le périsperme se gonfle, devient lactescent, et alors il renferme de l'albumine et de la dextrine, une véritable gomme. Plus tard, lorsque la tigelle s'est allongée, lorsque la première feuille commence à respirer, vous y trouvez du sucre et de la cellulose qui se sont produits aux dépens de l'amidon primitif. A côté de ces corps vous rencontrez l'albumine provenant du gluten.

Examinez, au contraire, ce qui se passe pendant la formation des graines. Dans la betterave, par exemple, il existe du sucre. A mesure que la graine se forme, le sucre disparaît, mais en revanche la graine se remplit d'amidon. Pendant la vie foliacée de la plante, son suc contient de l'albumine; lorsque la graine est formée, la plus grande partie du principe albuminoïde s'y trouve concentrée sous forme insoluble.

Nous sommes donc pleinement en droit de dire que ces corps se transforment incessamment les uns dans les autres au sein même des végétaux et qu'ils sont comme les divers degrés de l'échelle par laquelle la matière brute s'élève peu à peu au rang de matière organisée. Mais nous avons vu que dans les laboratoires ces transformations s'accomplissaient au moyen d'agents chimiques énergiques. Quelle peut être, au sein des végétaux, la cause qni détermine ces mêmes effets ?

Quand l'acide sulfurique transforme la baryte en sulfate de cette base, il se conbine avec elle et il n'existe plus ensuite ni baryte ni acide sulfurique. Les deux constituants se sont confondus dans le produit de la combinaison qui est le sulfate de baryte. Lorsque le même acide transforme l'amidon ou la cellulose en sucre, les choses ne se passent nullement de la même manière. Après la transformation, on retrouve l'acide libre en totalité. Il n'a agi que par sa seule présence, comme le rayon solaire sur le mélange de chlore et d'hydrogène.

Eh bien, l'acide sulfurique n'est pas le seul corps qui jouisse de cette propriété. Ces albuminoïdes, dont nous parlions tout à l'heure, la possèdent au plus haut degré, surtout lorsqu'ils ont subi un commencement d'altération par le contact de l'oxygène de l'air.

Le gluten altéré transforme rapidement en sucre des quantités considérables d'amidon, et cela sans être dérangé lui-même dans le jeu de ses propres modifications. La cause des changements que subissent les hydrates de carbone au sein des végétaux réside donc dans leur rencontre avec les albuminoïdes, qui eux-mêmes se modifient sous l'influence de l'eau, de l'oxygène de l'air et des agents minéraux venus du sol.

On peut donc, en définitive, rapporter la plus grande partie du travail de la végétation à l'action réciproque des hydrates de carbone, des albuminoïdes et des minéraux.

Vous voyez qu'à travers tout ce travail chimique d'une complication extrême, nous retrouvons toujours l'application des lois générales de la chimie, car les actions de contact ne sont nullement le propre des végétaux. Elles se rencontrent fréquemment aussi dans les réactions qui s'accomplissent en dehors de l'activité organique. Seulement elles dominent dans les phénomènes de la vie végétale.

L'étude à laquelle nous venons de nous livrer légitime donc l'assimilation que nous avons admise entre les minéraux et les plantes au point de vue des lois supérieures de leur production. J'achèverai de confirmer cette assimilation en vous montrant que la répartition, au sein du végétal, des divers éléments qui le constituent, est soumise à un ordre aussi bien déterminé, je dirai presque aussi géométrique, que l'arrangement des molécules dans une cristallisation.

Commençons par les minéraux. Considérés dans leur ensemble, ils sont plus abondants dans les herbes que dans les arbres. Ceux-ci n'en contiennent guère que 1 pour 100 en moyenne, tandis que les herbes en renferment de 7 à 8 pour 100. La raison en est très-simple.

Dans un marais salant, la quantité de sel qui se dépose l'été est plus considérable que celle qui se produit l'hiver, parce que l'été, la température étant plus élevée, l'évaporation est plus active. De même, au sein des végétaux, la quantité de matière minérale est d'autant plus considérable qu'ils évaporent davantage. Or, les herbes étant en rapport avec l'atmosphère par toutes leurs parties, sont le siége d'une évaporation beaucoup plus active que les arbres, qui renferment des organes complétement abrités. Dans un même arbre on retrouve l'application rigoureuse de cette même loi. Le cœur contient moins de minéraux que l'aubier, l'aubier moins que l'écorce, l'écorce moins que les feuilles. Dans les feuilles des arbres verts, il y en a moins que dans celles qui tombent à l'automne. Dans un fruit de légumineuse, la gousse en est plus riche que la graine ; et dans la graine, l'enveloppe en contient plus que l'amande.

La répartition des minéraux au sein du végétal obéit donc à une loi invariable : elle est en rapport direct avec l'activité de l'évaporation.

Si l'on examine ce qui a lieu à l'égard de la nature des éléments, on voit aussi qu'elle est soumise à des règles fixes. L'acide phosphorique, la potasse et la magnésie dominent dans les graines, les terres alcalines et le fer dominent au contraire dans les tiges. Les alcalis vont en augmentant à mesure que l'on se rapproche du fruit ou des jeunes pousses. Ils sont d'autant moins abondants que les organes sont plus anciens et ont moins d'activité vitale. L'acide phosphorique est répandu d'une manière à peu près uniforme dans tout le végétal et augmente brusquement lorsque l'on arrive à la graine.

Quant aux éléments organiques, les règles ne sont pas moins précises. Le carbone, l'hydrogène et l'oxygène qui forment la charpente générale à l'état d'hydrates de carbone se trouvent répandus à peu près uniformément dans tous les organes. L'azote, qui fait essentiellement partie des albuminoïdes, dont la part est la plus importante dans le travail actif de la formation des tissus, se trouve en plus grande quantité dans toutes les pousses récentes et notamment dans la graine, dernière production de l'activité végétale annuelle.

Vous le voyez, Messieurs, nous sommes arrivés, dans cet entretien, à définir les végétaux comme des combinaisons matérielles d'un ordre supérieur aux combinaisons minérales, mais dépendant comme elles de l'association des éléments premiers sous l'influence des lois de la chimie générale.

Cette définition nous conduit invinciblement à l'espérance de les produire artificiellement et de toutes pièces, au moyen de leurs éléments placés, à notre volonté, dans les conditions où ils sont susceptibles de revêtir ce genre de combinaisons.

Il nous reste à examiner les moyens que l'on peut mettre en œuvre pour atteindre ce but. Ce sera l'objet des prochaines conférences.

DEUXIÈME CONFÉRENCE

FAITE LE DIMANCHE 12 JUIN 1864

MESSIEURS,

Dans notre premier entretien nous sommes arrivés à considérer le végétal comme un agrégat matériel ayant avec les combinaisons chimiques les plus étroites analogies. Nous avons vu que les lois qui président à sa formation ne diffèrent en rien, au point de vue philosophique, de celles qui règlent la production des composés de la chimie minérale. S'il en est ainsi, pour pénétrer les mystères de la production des végétaux, notre premier soin doit être de remonter à l'origine de leurs éléments et de chercher dans quelles conditions et sous quelles influences ces éléments, venus du dehors, se combinent entre eux d'une manière spéciale, pour produire le végétal. Commençons cette étude par les éléments organiques qui sont :

Le Carbone
L'Hydrogène
L'Oxygène
L'Azote.

Le carbone ne pénètre dans les végétaux que sous forme d'acide carbonique. Ce gaz y arrive par deux voies différentes : 1° par les racines, qui le puisent dans le sol où il se produit par la décomposition spontanée des matières organiques; 2° par les feuilles, qui le prennent dans l'air atmosphérique, où il existe d'une manière permanente.

Pour que l'acide carbonique soit absorbé, il faut que quatre conditions essentielles se trouvent réalisées.

La première est d'essence organique et réside dans la couleur verte des organes végétaux. Les pétales des fleurs, qui sont diversement colorés, n'absorbent pas l'acide carbonique; les feuilles, l'écorce, le péricarpe des fruits, dont la coloration est verte, l'absorbent au contraire en abondance.

On pourrait objecter à la généralisation de ce fait qu'il existe des feuilles pourpres et des feuilles presque blanches, qui cependant absorbent l'acide carbonique de l'air. Je trouve la réponse dans un travail récent de M. Cloëz. Ce chimiste a montré que les feuilles dont nous parlons renfermaient, malgré leur aspect différent, de grandes quantités de matière verte. Il est donc légitime de dire que la fonction dont nous nous occupons dépend de la présence de cette matière.

Quelle que soit la couleur des organes, jamais l'acide carbonique n'est absorbé en l'absence de la lumière solaire. Cette seconde condition extérieure au végétal est tout aussi indispensable que la première. En voulez-vous la preuve : faites passer un courant d'air dans un grand ballon contenant un cep de vigne avec ses feuilles, et de là dans un appareil capable de doser l'acide carbonique. Vous constaterez, comme l'a fait M. Boussingault, qu'au soleil l'air atmosphérique perd en passant sur les feuilles vertes à peu près la moitié de son acide carbonique, tandis que dans l'obscurité il en gagne au contraire des quantités très-importantes. Non-seulement, donc, les feuilles n'absorbent pas l'acide carbonique dans l'obscurité, mais encore elles en émettent constamment, provenant de la destruction d'une partie de leur substance. Lorsqu'elles tiennent à la plante, elles en dégagent davantage que lorsqu'elles en sont détachées, parce que celui que les racines puisent dans le sol, n'étant pas décomposé dans le végétal, vient alors s'exhaler à la surface des feuilles.

Une troisième condition indispensable aussi est l'intervention d'une certaine température. MM. Gratiolet et Cloëz ont vu que des feuilles de Potamogéton qui, dans l'eau à 12°, dégagent abondamment de l'oxygène, cessaient d'en dégager lorsqu'on abaissait la température à 4° au-dessus de zéro. Or ce dégagement d'oxygène est justement, comme nous le verrons tout à l'heure, l'indice certain de l'absorption de l'acide carbonique.

Enfin, la quatrième et dernière condition du phénomène est la présence de l'oxygène dans l'atmosphère où sont plongées les feuilles. Théodore de Saussure a constaté que, dans une atmosphère d'azote ou d'hydrogène contenant de l'acide carbonique, ce corps n'était point absorbé par les plantes. Le phénomène se manifestait, au contraire, toutes les fois que l'oxygène faisait partie des gaz ambiants.

Que devient l'acide carbonique ainsi absorbé par les plantes? Tandis que ce corps résiste aux températures les plus élevées et aux agents de réduction les plus puissants de la chimie, au sein des plantes cet acide est réduit. Son carbone se fixe dans le végétal et son oxygène est éliminé. De là, le dégagement d'oxygène qui se produit à la surface des feuilles plongées dans l'eau.

Ce fait, l'un des plus importants auxquels la science soit parvenue dans ce siècle, a été mis en lumière par les travaux de toute une génération de savants : mais c'est principalement Théodore de Saussure qui en a précisé les conditions. Il a vu que l'oxygène émis était en volume sensiblement égal à l'acide carbonique absorbé et qu'il se dégageait de faibles quantités d'azote. Ce dégagement d'azote, constaté depuis par MM. Gratiolet et Cloëz, a été nié dans ces derniers temps par M. Boussingault. Ne voulant pas insister sur ce point qui n'intéresse en rien l'agriculture, je dirai seulement qu'à toutes les expériences qui ont été faites il a manqué une condition qui, selon moi, pouvait seule donner de la valeur à leurs résultats.

Pour qu'il fût légitime, en effet, d'étendre à la végétation les faits observés dans ces expériences, il eût fallu les exécuter sur des végétaux en voie de développement, augmentant constamment de poids, et non sur des parties détachées. Celles-ci peuvent, à la vérité, donner encore quelques manifestations vitales, mais leur existence éphémère est nécessairement accompagnée de phénomènes spéciaux de destruction.

L'assimilation du carbone, si importante au point de vue de la physiologie, n'offre qu'un très-médiocre intérêt pour l'agriculteur ; il ne peut avoir aucune crainte d'en manquer jamais, car l'atmosphère en renferme une provision pour ainsi dire illimitée. A mesure que la végétation l'en appauvrit, par un effet inverse la respiration animale lui en restitue des quantités équivalentes. Cette harmonie entre les deux règnes organiques, mise en lumière par les travaux de Priestley, n'est encore qu'un infiniment petit parmi les causes de conservation de l'acide carbonique atmosphérique. Il existe dans les phénomènes géologiques des influences bien autrement puissantes que les respirations végétale et animale. La désagrégation des feldspaths enlève à l'air des quantités colossales de cet acide ; mais les volcans et la formation des pyrites lui en restituent constamment des quantités non moins importantes, en sorte que sa composition offre sous ce rapport une stabilité complétement rassurante pour l'agriculture.

Le carbone entre pour 50 pour 100 environ dans la composition de toutes les plantes sèches ; c'est donc lui principalement qui fait varier le poids des récoltes. La quantité que les cultures en assimilent dépend en grande partie de la surface de leurs feuilles et un peu aussi de leur nature spéciale. L'expérience a constaté que les plantes qui, à surface égale de terrain, fixaient le plus de carbone, étaient celles qui offraient la plus grande surface foliacée. On a vu aussi qu'à surface égale de feuilles les plantes fixaient des quantités de carbone un peu différentes, suivant les espèces.

L'oxygène et l'hydrogène que l'on trouve dans les végétaux proviennent incontestablement de l'eau. Celle-ci peut être assimilée en nature, comme le prouve l'existence au sein des végétaux des hydrates de carbone dans lesquels l'hydrogène et l'oxygène se trouvent dans les rapports nécessaires pour former de l'eau. Mais la formation de la résine, des huiles essentielles et des corps gras dans lesquels l'hydrogène domine, montre que dans certains cas l'eau peut être réduite comme l'acide carbonique, et que son oxygène peut être éliminé. Quoi qu'il en soit, l'origine de l'oxygène et de l'hydrogène une fois établie, nous n'avons pas à insister sur ce point, car les cultures ne pouvant manquer d'eau sont par cela même abondamment pourvues de ces deux éléments.

Il n'en est pas de même de l'azote. Les plantes n'en renferment que des quantités relativement très-faibles; mais elles en ont un besoin indispensable, et comme dans certains cas elles peuvent en manquer, il est nécessaire d'étudier avec le plus grand soin tout ce qui concerne l'assimilation de cet élément.

Constatons d'abord que toutes les cultures attestent dans la récolte une quantité d'azote plus forte que dans l'engrais qui a servi à les produire.

Voici des nombres qui établissent ce fait. Je les emprunte à l'*Économie rurale* de M. Boussingault :

CULTURES.		EXCÉD. ANNUEL D'AZOTE A L'HECTARE.
Assolement de 5 ans	Pommes de terre. Froment. Trèfle. Navets. Avoine.	9 k. 50
Culture forestière.	Hêtre. Chêne. Bouleau. Tremble.	35 k. 00
Cult. exclusive.	Topinambours.	45 k. 00
—	Luzerne.	207 k. 00

Si les récoltes renferment de pareilles quantités d'azote dont le sol ne peut pas rendre compte, il faut bien s'adresser à l'atmosphère pour en découvrir l'origine. L'air renferme 79 pour 100 d'azote élémentaire ; rien ne paraissait plus rationnel que de trouver là l'origine cherchée. Mais les chimistes, habitués à voir le gaz azote présenter une grande résistance à la combinaison, ont d'abord été portés de préférence à lui refuser toute intervention dans les phénomènes de la végétation. Pour lui restituer la place que cette opinion préconçue ou fondée sur des expériences incomplètes lui avait fait perdre, il a fallu recourir à des expériences de la plus extrême délicatesse et qu'il m'est impossible de faire connaître ici. Je me contenterai donc de réfuter par des arguments tirés de la grande culture toutes les origines que les adversaires de l'absorption de l'azote gazeux se sont efforcés de faire prévaloir, renvoyant à mes ouvrages et à mon cours du Muséum ceux d'entre vous qui désireraient connaître les preuves directes de cette absorption.

Priestley et Ingenhouz avaient cru à l'assimilation de l'azote élémentaire de l'air. Théodore de Saussure ayant constaté l'existence de l'ammoniaque dans l'air, reporta à ce composé la faculté de fournir de l'azote aux végétaux. Il y a, en effet, de l'ammoniaque dans l'air, mais la quantité en est si minime (22 grammes dans 1,000,000 de kilogr.), qu'il est évidemment absurde de vouloir lui faire jouer un rôle de cette importance. Aussi l'objection a-t-elle pris une autre forme. On a dit: l'air contient de l'ammoniaque. L'eau de la pluie la dissout, la condense et l'apporte aux plantes qui la trouvent ainsi dans le sol. Si, au lieu de se contenter de cette assertion vague, on cherche à lui donner de la précision en dosant l'ammoniaque de l'eau de la pluie, et en déterminant la quantité de cette eau que reçoit un hectare, on arrive à trouver que par cette voie le sol reçoit au maximum 5 kilogr. d'azote par an. Mais pour expliquer la végétation de la luzerne, il faut rendre compte de 207 kilogr. d'azote!

L'ammoniaque de l'eau de la pluie n'est donc qu'un infiniment petit par rapport au phénomène qui nous occupe.

L'ammoniaque ayant échoué, on a voulu recourir à l'acide nitrique qui se forme dans l'atmosphère, par la combinaison directe de l'azote et de l'oxygène sous l'influence des décharges électriques et que l'on trouve dans les pluies d'orage. Un calcul analogue au précédent démontre que par cette voie nouvelle un hectare de terre reçoit aussi 3 kilogr. d'azote au maximum. L'acide nitrique n'explique donc pas mieux que l'ammoniaque les excédants d'azote des cultures.

Mais, disait-on, il pourrait exister dans l'atmosphère quelque substance azotée, éminemment assimilable, que l'eau de la pluie condenserait et qui jusqu'ici aurait échappé à l'analyse. Malgré tout le vague de cette objection, j'ai voulu y répondre par l'expérience directe. J'ai institué deux cultures semblables dans des caisses placées sous un abri. L'une d'elles était arrosée avec l'eau de la pluie recueillie par un pluviomètre à surface égale à celle de la caisse et placé en dehors. L'autre recevait des quantités semblables d'eau distillée parfaitement pure. La récolte à l'eau distillée a été un peu plus forte que celle qui avait reçu l'eau de la pluie. Il est donc évident que cette dernière ne contenait rien qui fût susceptible d'influencer le développement des végétaux.

Mais puisqu'on a voulu donner cette importance aux produits éventuels que l'air pouvait céder au sol, qu'il me soit permis, à moi, de m'arrêter à ceux que le sol cède au contraire à l'atmosphère, et cette fois c'est à mes adversaires eux-mêmes que j'emprunterai les bases de mes arguments.

M. Boussingault a eu l'idée de recueillir de la neige ayant séjourné sur une terrasse et à la surface de la terre d'un jardin.

Un litre d'eau provenant de la première contenait $0^{gr}.0017$ d'ammoniaque, tandis qu'il y en avait $0^{gr}.0103$ dans un litre de celle du jardin. Il est donc certain que la terre cultivée perd constamment de l'azote. Si l'on suppose que la couche de neige examinée par M. Boussingault avait seulement un centimètre d'épaisseur, elle renfermait pour un hectare 856 gr. d'ammoniaque perdue en trente-six heures, temps pendant lequel la neige avait séjourné sur le sol; ce qui conduit à une perte de 172 kilogr. d'azote par hectare et par an. On voit donc que les pertes que la terre est susceptible d'éprouver sont bien autrement importantes que les gains qu'elle peut faire aux dépens de l'atmosphère. Il faut donc, de toute nécessité, recourir à l'azote élémentaire pour expliquer l'excédant des récoltes.

Mais ici se présente un autre sujet de discussion. L'azote de l'air est-il absorbé en nature par les végétaux, comme je l'ai toujours soutenu; ou n'y arrive-t-il, comme on l'a pensé dans ces derniers temps, que par l'intermédiaire d'une nitrification préalable effectuée dans le sol qui serait une véritable nitrière artificielle? Sans aucun doute, dans certains cas, des quantités importantes de nitrates peuvent se produire dans le sol; mais je n'en persiste pas moins à dire que la nitrification ne peut rendre compte de l'excédant d'azote des cultures. Pour que 207 kilogr. d'azote eussent pénétré dans la luzerne par cette voie, il aurait fallu qu'ils fussent engagés dans 798 kilogr. d'acide nitrique qui, lui-même, pour être saturé aurait dû être combiné à 700 kilogr. de bases. Ces 700 kilogr. de bases devraient se retrouver dans la récolte; or celle-ci ne produit à la combustion que 695 kilogr. de cendres dans lesquelles les bases n'entrent que pour 323 kilogr. Il y a donc au moins la moitié de l'excédant que l'hypothèse d'une nitrification ne peut expliquer. D'ailleurs s'il en était ainsi, si l'azote des récoltes provenait des nitrates formés dans le sol, n'est-il pas évident qu'une addition artificielle de nitrates devrait produire les mêmes effets qu'une formation naturelle ?

Or il existe, en effet, des cultures, celle du blé par exemple, pour lesquelles l'addition des nitrates augmente le rendement. Mais il en est d'autres, et vous pourrez le constater vous-mêmes à l'inspection de ce champ d'expériences, sur lesquelles les nitrates n'exercent aucune influence. Les pois, par exemple, n'ont pas assimilé plus d'azote avec une forte fumure de nitrates que sans addition d'aucun composé azoté. Il est donc bien évident que si, dans quelques cas, la nitrification naturelle peut jouer un certain rôle, elle ne peut, à aucun titre, servir d'explication générale à l'excédant d'azote des cultures, et que la vraie et grande origine de cet azote réside dans l'azote atmosphérique absorbé directement.

Et d'ailleurs, qu'y a-t-il donc au point de vue théorique de si répugnant à admettre cette absorption ? Puisque l'on parle de nitrification dans le sol, qui peut contester qu'au sein des feuilles, où l'azote pénètre d'une manière non douteuse, où il se rencontre constamment avec de l'oxygène naissant, ozonisé, la formation de l'acide nitrique ne soit au moins aussi facile que dans le sol ? Et lorsqu'on voit ces organes doués d'une puissance chimique suffisante pour réduire l'acide carbonique, est-il donc inconcevable qu'ils soient capables de faire entrer l'azote en combinaison plus facilement que nous ne le pouvons dans nos laboratoires? Non, l'absorption de l'azote, prouvée par l'expérience, ne répugne point à la raison, et il n'y a que l'habitude ou le parti pris qui puisse expliquer la résistance que l'on oppose à cette doctrine qui, seule, est susceptible de nous donner la clef des phénomènes de la végétation et de réagir utilement sur la pratique agricole.

Si l'azote de l'air peut servir à la nutrition végétale, est-ce à dire pour cela que nous n'ayons nullement à nous occuper de fournir de l'azote à nos cultures et qu'à l'égard de cet élément nous nous trouvions dans la même sécurité et dans la même impuissance que vis-à-vis des trois premiers qui nous ont occupés? Non, sans doute. La pratique en grand a établi l'utilité des engrais azotés, et moi-même j'ai constaté que le rendement des céréales était considérablement augmenté par l'introduction d'une matière azotée dans le sol. De toutes les matières dont j'ai essayé l'usage, les nitrates m'ont toujours donné les meilleurs effets lorsque j'ai opéré en petit et lorsque la quantité d'azote donnée aux cultures était inférieure à celle que devait contenir la récolte. En grand, M. Kuhlmann a obtenu des résultats analogues. Mais au champ d'expériences de Vincennes je n'ai observé aucune différence entre l'emploi des nitrates et celui des sels ammoniacaux. Cela tient, sans doute, à ce que les fumures auxquelles j'ai eu recours ici, et que je destinais à plusieurs années consécutives, ont été données à doses très-fortes et que les plantes trouvant toujours dans le sol un excès d'azote assimilable prospérent aussi bien dans un cas que dans l'autre. Je n'hésite donc pas à dire que je place les nitrates au premier rang des matières azotées utiles à la végétation. Viennent ensuite les sels ammoniacaux, et loin après eux, les matières organiques azotées qui pour agir utilement doivent se transformer préalablement en nitrates ou en sels ammoniacaux.

Tout ce que nous venons de dire de l'azote peut se résumer dans les conclusions suivantes, dont l'importance agricole ne peut être mise en doute :

1° *D'une manière générale, l'azote de l'air intervient dans la nutrition des végétaux ;*

2° *Vis-à-vis de certaines cultures, notamment des légumineuses, cette intervention est suffisante, et l'agriculteur n'a nullement à se préoccuper d'introduire de l'azote dans le sol ;*

3° *A l'égard des céréales, et particulièrement pendant leur jeunesse, l'azote atmosphérique est insuffisant et, pour obtenir des récoltes abondantes, il est indispensable de donner au sol des matières azotées. Celles qui remplissent le mieux cet objet sont les nitrates et les sels ammoniacaux.*

TROISIÈME CONFÉRENCE

FAITE LE DIMANCHE 19 JUIN 1864

Messieurs,

L'ordre logique de nos études amène, immédiatement après l'assimilation des éléments organiques dont nous nous sommes occupés dans notre dernière séance, la même question à l'égard des éléments minéraux. Mais ces corps ne pénètrent dans le végétal que sous forme de dissolution aqueuse, et avant de vous montrer les effets qu'ils produisent, une fois absorbés, il est nécessaire que je vous fasse connaître le milieu dans lequel les racines viennent les puiser.

Le sol est en même temps le point d'appui des racines, le récipient de la dissolution qui les alimente et le laboratoire où se prépare cette dissolution. Il se compose essentiellement de trois constituants qui concourent, chacun dans une certaine mesure, à donner à l'ensem-

2.

ble les propriétés que je viens d'énumérer. Ce sont l'humus, l'argile et le sable.

L'humus est d'origine organique; il possède une couleur brune foncée, presque noire. C'est lui qui communique à la terre végétale sa coloration noirâtre. Il se dissout dans les alcalis avec lesquels il produit une liqueur presque noire. Les acides le séparent de cette dissolution sous forme d'un précipité léger et floconneux de couleur brune foncée. Il se dissout faiblement dans l'eau tant qu'il est resté humide; une fois desséché, il ne s'y dissout plus. Il ne cristallise pas et se décompose par l'action de la chaleur en laissant un résidu charbonneux.

Telles sont les propriétés que les chimistes lui assignent, mais il n'y a rien là de bien caractéristique, rien qui démontre que l'humus soit une espèce chimique définie. C'est qu'en effet la chimie éprouve de grandes difficultés toutes les fois qu'il s'agit de spécifier un corps qui ne cristallise pas et qui n'est pas volatil. Elle ne peut alors procéder que par voie d'induction. C'est ce que nous allons essayer de faire pour arriver à une idée nette de la constitution de l'humus.

Si on soumet à l'action ménagée de la chaleur les hydrates de carbone, dont nous parlions dans notre première conférence, le sucre par exemple, il ne tarde pas à se produire un corps brun que l'on désigne sous le nom de caramel. La composition chimique de ce caramel, rapprochée de celle du sucre dont il dérive, montre que la seule différence qui existe entre eux réside dans la perte qu'a éprouvée le sucre d'une certaine quantité d'eau. Le sucre étant représenté par la formule $C^{12}H^{12}O^{12}$ ou $C^{12}(HO)^{12}$, le caramel est exprimé par $C^{12}(HO)^{9}$. Que l'on fasse agir sur le sucre de l'eau de baryte chaude, on obtiendra un autre corps brun, l'acide apoglucique ou assamare renfermant encore moins d'eau que le caramel. Par l'action d'un excès d'alcali sur le sucre, on descend à l'acide mélassique qui contient toujours l'hydrogène et l'oxygène dans le rapport nécessaire pour former de l'eau, mais en moindre quantité encore que les corps précédents.

Il est donc possible, par des réactions de laboratoire, d'enlever successivement aux hydrates de carbone, et pour ainsi dire molécule à molécule, la plus grande partie de l'eau qui entre dans leur constitution, sans pour cela sortir de leur type primitif, puisque dans ces divers produits le carbone reste toujours associé aux éléments de l'eau et que tous peuvent être représentés par la formule générale des hydrates de carbone $C^{12}(HO)^{n}$.

Or, cette décomposition graduelle des hydrates de carbone s'opère sans cesse au sein de la terre arable où se trouvent enfouis des débris végétaux de toutes sortes. L'humus n'est autre chose que le terme ordinaire de cette destruction. Quelques chimistes lui assignent la formule $C^{24}H^{9}O^{9}$; mais il est bien plutôt une collection de toutes les espèces par lesquelles passe la destruction progressive des hydrates de carbone, et je ne mets pas en doute qu'elle ne puisse aller beaucoup plus loin que ne l'exprime la formule $C^{24}(HO)^{9}$. La houille étudiée à ce point de vue pourrait fournir de précieux renseignements.

La mort réalise ainsi une série de phénomènes exactement inverse à celle qui se produit au sein des végétaux vivants. Tandis, en effet, que chez ces derniers le carbone, réduit de l'acide carbonique, se fixe sur les éléments de l'eau, en proportion plus ou moins forte, pour produire tous les hydrates de carbone, dans le sol, au contraire, l'eau se sépare peu à peu du charbon pour arriver finalement à le laisser presque à l'état de liberté. Si les propriétés chimiques de l'humus sont difficiles à caractériser, sa présence dans le sol n'en est pas moins utile à l'agriculture. Il absorbe l'eau avec une grande énergie et augmente considérablement de volume sous son influence. Par cette propriété il concourt à entretenir la fraîcheur du sol en retardant sa dessiccation.

Lorsque l'humus est mis en contact avec une dissolution ammoniacale, il lui enlève son ammoniaque, mais ne la retient que par une affinité très-faible, car il suffit de faire intervenir une grande quantité d'eau pour la lui reprendre. Toutefois il ne fixe pas l'ammoniaque combinée, c'est-à-dire engagée dans les sels ammoniacaux. Le mélange-t-on avec du carbonate de chaux, du calcaire, il acquiert la faculté de fixer aussi les sels ammoniacaux.

Par cette manière de se comporter vis-à-vis de l'ammoniaque et des sels ammoniacaux dont nous avons reconnu l'utilité dans notre précédente conférence, l'humus rend d'importants services à la végétation. Il s'oppose, au moins partiellement, à la déperdition de l'ammoniaque qui résulte de la décomposition spontanée des matières organiques azotées enfouies dans le sol.

L'humus humide, exposé à l'air, subit une combustion lente qui en fait une source constante d'acide carbonique. Le rôle de cet acide dans la nutrition végétale est de la plus haute importance, nous l'avons vu dans la séance précédente. Cependant la faible quantité qui s'en produit par la destruction de l'humus ne peut guère, par son absorption directe, favoriser le développement des plantes, qui en trouvent d'ailleurs abondamment dans l'atmosphère; aussi n'attachons-nous pas une très-grande importance à l'humus sous ce rapport. Mais l'acide carbonique qu'il produit sans cesse dans le sol remplit une autre fonction incomparablement plus utile. Il sert à dissoudre les matières minérales, les phosphates, les alcalis, la chaux, la magnésie, le fer, etc. Il sert à déterminer la désagrégation des fragments de roches qui renferment des matières utiles que l'eau seule ne peut attaquer et qui, sans lui, resteraient inertes dans le sol. L'acide carbonique provenant de l'humus est donc en somme le principal agent de dissolution capable de faire passer dans les plantes leurs aliments minéraux.

Pas plus que l'humus, l'argile n'intervient directement dans la nutrition végétale. Cependant sa présence dans la terre arable est d'une incontestable utilité. L'argile est un silicate d'alumine hydraté, retenant l'eau avec une grande persistance, formant avec elle une pâte liante qui sert à fabriquer la poterie. Sa présence dans le sol lui donne de la consistance, diminue sa perméabilité et maintient sa fraîcheur en retardant l'écoulement des eaux. Comme l'humus, l'argile fixe l'ammoniaque par une sorte d'affinité capillaire; mais elle possède aussi cette propriété à l'égard de toutes les dissolutions salines. Grâce à elle, les sels solubles résistent à l'entraînement des eaux. Il y a plus : elle enlève aux dissolutions salines une quantité de sel d'autant plus forte qu'elles en sont plus chargées et se les laisse reprendre par l'eau, lorsqu'elle intervient en masse suffisante. Dans une terre très-fertile, c'est-à-dire très-chargée de sels solubles, lorsqu'il arrive peu d'eau, la dissolution qui se produit pourrait parvenir à un tel degré de concentration, qu'elle devint nuisible aux plantes. Dans ce cas, l'argile en s'emparant de la plus grande partie des sels appauvrit suffisamment la dissolution. Vient-il au contraire des pluies abondantes, l'argile cède ce qu'elle avait pris précédemment et rétablit ainsi l'équilibre entre les moments de sécheresse et les temps d'humidité.

Dans ces circonstances, l'argile fonctionne comme une sorte de grenier automatique qui, lors de l'abondance, emmagasine les aliments inutiles pour les rendre de lui-même, lorsque la disette se fera sentir. Elle régularise le titre de la dissolution alimentaire, comme le volant d'une machine à vapeur régularise son mouvement.

Quant au sable, il fait partie de toutes les terres dont il est le constituant essentiel. C'est lui qui communique au sol ses principales propriétés physiques, et notamment sa perméabilité à l'eau et à l'air. Il tempère les propriétés de l'argile, et par son association avec elle réalise la condition la plus favorable au développement des végétaux.

Nous avons étudié les éléments inertes du sol, ceux qui entrent dans sa composition pour les quatre-vingt dix-neuf centièmes au moins et qui, cependant, ne concourent à la production végétale que par leurs propriétés physiques.

Il nous reste maintenant à examiner les agents qui n'existent qu'en très-faible proportion dans le sol, mais dont le rôle est capital dans la vie des plantes, puisque sans eux il n'y a pas de végétation possible.

Ici, comme pour les éléments organiques, nous commencerons par éliminer de la discussion les principes qui se trouvent en quantité suffisante dans toutes les terres, et dont par conséquent, l'agriculture n'a nullement à se préoccuper. C'est pour ce motif que nous passons sous silence la silice, la magnésie, le fer, le manganèse, le chlore et l'acide sulfurique. Restent le phosphate de chaux, la potasse et la chaux. Ce sont là les minéraux essentiels, ceux qui, associés à une matière azotée et ajoutés à une terre agricole quelconque, suffisent à la rendre fertile. Avec eux on fabrique véritablement des végétaux.

Au début de mes expériences, il y a une quinzaine d'années, frappé de l'impuissance des anciens chimistes à l'égard des problèmes que soulève la végétation, impuissance dont je donnerai les raisons dans la prochaine séance, je me décidai à tenter une voie nouvelle. La terre ne pouvant être connue avec précision, puisque l'analyse chimique avait complétement échoué dans la recherche de sa composition, je résolus de lui substituer un mélange artificiel dont tous les éléments fussent parfaitement définis. C'est ainsi que je suis arrivé à faire de la végétation dans des pots de biscuit de porcelaine avec du sable calciné et des produits chimiques parfaitement purs.

Dans ces conditions idéales instituons les quatre expériences suivantes :

1° Sable calciné seul ;

2° Sable calciné, additionné d'une matière azotée ;

3° Sable calciné avec les minéraux seuls (phosphate de chaux, potasse et chaux[1]) ;

4° Sable calciné avec les minéraux et une matière azotée.

Semons, le même jour, dans chaque pot, 20 grains du même blé, pesant le même poids, et entretenons nos sols humides au moyen de l'eau distillée, pendant toute la durée de la végétation.

A la récolte nous observons les faits suivants :

Dans le sable seul la plante a été très-chétive, la récolte sèche pèse 6 gr.

Avec la matière azotée seule, la récolte encore très-médiocre est cependant meilleure, elle s'élève à 9 gr.

Avec les minéraux seuls elle est un peu inférieure à la précédente, elle pèse 8 gr. Mais avec le concours des minéraux et de la matière azotée elle s'élève à 24 gr.

[1] Ces minéraux qui suffisent dans la terre agricole ne suffisent pas dans le sable calciné. On leur a toujours adjoint ceux qui ont été éliminés plus haut de la discussion et que nous ne supprimons ici que pour rendre l'exposition des idées plus facile et plus intelligible.

De cette première série d'expériences nous conclurons que chacun des agents de la production végétale remplit une double fonction :

1° Une fonction individuelle, variable suivant sa nature, puisque la matière azotée fait plus d'effet que les minéraux et que les uns et les autres employés isolément élèvent le rendement au-dessus de ce que la semence peut produire, par elle-même, dans le sable pur.

2° Une fonction de solidarité, puisque l'effet collectif de la matière azotée et des minéraux est très-supérieur à ce que chacun de ces deux termes peut produire isolément.

Mais il ne suffit pas d'avoir constaté le rapport de dépendance qui existe entre l'action de la matière azotée et celle des minéraux pris en masse. Il faut se rendre compte de l'action spéciale de chacun d'eux. Instituons donc de nouvelles expériences, dans lesquelles nous associerons à une matière azotée, toujours la même, et employée en même quantité, des mélanges minéraux variables.

Commençons par supprimer, dans les minéraux que nous avons employés tout à l'heure, le phosphate de chaux, et associons par conséquent à la matière azotée un mélange composé seulement de potasse et de chaux.

Dans ces nouvelles conditions la végétation n'est pas possible. Les graines germent et, à peine arrivées à 10 centimètres de hauteur, les plantes se dessèchent et meurent. Un mélange de matière azotée, de potasse et de chaux est donc nuisible à la végétation. Pour qu'il devienne utile, il faut lui ajouter du phosphate de chaux. En voulez-vous la preuve? Faites une nouvelle expérience avec les mêmes agents et une trace de phosphate de chaux, 0 gr. 01 dans 1 kilogr. de sol, et vous obtiendrez une culture, chétive il est vrai, mais les plantes ne mourront pas. Lorsque le phosphate de chaux est en quantité suffisante, la récolte s'élève à 24 gr., comme nous l'avons vu plus haut.

Il existe donc entre le phosphate de chaux, d'une part, et l'ensemble de la potasse et de la chaux, de l'autre, un rapport de la solidarité analogue à celui que nous avons constaté plus haut entre la matière azotée et les minéraux réunis.

Pour nous rendre compte du rôle de la potasse, faisons une nouvelle expérience, dont nous bannirons cet alcali, et dans laquelle, par conséquent, le sol sera engraissé avec la matière azotée et un mélage de chaux et de phosphate de chaux.

Ici, la plante ne meurt pas, mais la récolte est inférieure à ce que donne la matière azotée seule, elle descend à 8 gr. La potasse est donc un élément indispensable, à un moindre degré toutefois que le phosphate de chaux, puisque son absence n'entraîne pas, comme précédemment, la mort des plantes.

En voyant la soude remplacer la potasse dans la plupart de ses usages industriels, on pouvait se demander s'il n'en serait pas de même vis-à-vis de la végétation. L'expérience a renversé cette espérance. En l'absence de la potasse, la soude n'exerce aucune influence sur le rendement qui reste sensiblement le même, qu'elle in-intervienne ou qu'elle n'intervienne pas. Il est donc incontestable qu'à l'égard du froment la potasse est de première nécessité, et que la soude même ne peut lui être substituée.

Reste à élucider le rôle de la chaux. Ici la question prend une complication plus grande. La méthode qui nous a servi jusqu'ici, et dans laquelle nous ne faisions entrer que des produits artificiels et purs, ne nous conduit qu'à des résultats de peu d'importance.

Une expérience faite avec matière azotée, phosphate de chaux et potasse seulement donne 22 gr. de récolte, alors que l'on en obtient 24 gr. avec l'engrais complet (j'appelle ainsi l'ensemble de la matière azotée et des trois minéraux essentiels, phosphate de chaux, potasse et chaux). Cette faible différence semblait indiquer que la chaux ne jouait qu'un rôle secondaire. Cependant la pratique agricole en obtient de très-bons effets. Il faut donc chercher par d'autres voies quelle peut être la nature de son action.

Si nous remplaçons le sable pur par de l'expérience sans chaux par un mélange de sable et d'humus, la récolte reste, comme précédemment, égale à 22 grammes. En l'absence de la chaux, l'humus n'a donc aucune action, ni utile ni nuisible. Mais ajoute-t-on de la chaux (à l'état de carbonate) [1] dans cette même expérience, la récolte s'élève immédiatement à 32 grammes. La chaux,

[1] Dans les expériences de précision la chaux s'emploie à l'état de carbonate. En grand on se sert de la chaux vive qu'on laisse tomber en poudre par une exposition prolongée à l'air. Dans cet état elle est hydratée et déjà en partie carbonatée. Rencontrant dans le sol de l'acide carbonique en abondance, elle ne tarde pas à s'y transformer complétement en carbonate, ce qui ramène le travail en grand aux conditions de l'expérience en petit.

qui n'influence le rendement que d'une manière insignifiante, en l'absence de toute matière organique, manifeste au contraire une action des plus décisives en présence de l'humus qui, seul, ne produit par lui-même aucun effet.

Il existe donc entre la chaux et l'humus un remarquable rapport de solidarité.

Toutes ces expériences nous conduisent à cette conclusion finale : *que la terre, pour produire des végétaux, doit contenir, sous une forme assimilable, une matière azotée, du phosphate de chaux, de la potasse et de la chaux, et que, pour assurer l'efficacité de cette dernière, la présence de l'humus est indispensable.*

Vous comprendrez sans peine, maintenant, pourquoi les expériences agricoles faites sur des terres plus ou moins fertiles n'ont conduit, et ne pouvaient en effet conduire à aucune conclusion pratique générale.

Supposez qu'un agriculteur ait l'idée de donner à un champ, renfermant à son insu du phosphate de chaux, un engrais contenant, également à son insu, un mélange de matière azotée, de potasse et de chaux. Il obtiendra une récolte magnifique parce que le phosphate de chaux du sol, réuni aux matières apportées par l'engrais, complètera celui-ci et que les plantes trouveront dans le sol tout ce qui assure leur développement.

Cet agriculteur chantera les louanges de son engrais. D'autres, à son exemple, voudront en faire l'essai. Mais s'il arrive que leur champ ne contienne pas de phosphate de chaux, loin de produire chez eux les merveilles annoncées, cet engrais abaissera, au contraire, le rendement ; puisque nous savons maintenant qu'en l'absence du phosphate de chaux un mélange de matière azotée, de potasse et de chaux est nuisible à la végétation.

Cet exemple suffira, je pense, pour expliquer tous les mécomptes que les praticiens ont rencontrés dans la voie des expériences agricoles et pour justifier ma méthode, consistant à éliminer toute espèce d'inconnue, pouvant venir du sol, en substituant à ce dernier un mélange artificiel de composition définie.[1]

Maintenant que par des expériences délicates et précises nous sommes parvenus à la connaissance des lois supérieures de la production des végétaux, nous contenterons-nous de leur contemplation philosohique, et continuerons-nous à faire, comme par le passé, de la pratique empirique et aveugle? Continuerons-nous à épuiser, sans inquiétude, le sol qui nous entoure en ne lui rendant, à l'état de fumier, qu'une faible partie de ce qu'il nous a donné sous forme de récolte ; quittes à transporter ailleurs notre industrie, lorsque notre patrie refusera de nous nourrir, comme l'Arabe transporte sa tente et ses troupeaux ? Ou persisterons-nous, en désespoir de cause, à nous livrer, avec un bandeau sur les yeux, au charlatanisme des falsificateurs d'engrais et des marchands de panacée agricole ?

Non, ces vérités si simples et si fécondes sortiront de nos laboratoires pour passer dans la pratique. Notre industrie ira chercher les éléments de la fertilité dans les grands gisements où la nature les a emmagasinés, et

[1] Voir note H à la fin de l'ouvrage.

l'agriculture, désormais sûre d'elle-même et de ses produits, prendra les allures les plus libres et les plus franches et viendra se ranger, comme toutes les autres branches de la production, sous la bannière essentiellement progressive de l'offre et de la demande.

Telle est la perspective que la science ouvre à l'industrie agricole et dont il nous reste à sonder la profondeur. Mais avant d'aborder, par rapport à la terre arable, le problème que nous venons de résoudre dans des conditions idéales, nous avons besoin de connaître cette terre elle-même, de savoir y rechercher les éléments de la fertilité, en un mot d'en faire l'analyse.

Dans notre prochaine séance je vous expliquerai pourquoi les chimistes y ont échoué et je vous montrerai comment, plus heureux que mes devanciers, je suis parvenu moi-même à y réussir.

QUATRIÈME CONFÉRENCE

FAITE LE DIMANCHE 26 JUIN 1864

Messieurs,

Depuis que l'analyse chimique est parvenue à découvrir la composition de la plupart des matières qui rendent à l'homme quelque service, la science s'est habituée à ne considérer, dans les propriétés des corps, que celles de leurs éléments modifiées par leur association et par les formes diverses dont cette association même est susceptible.

Cette vue théorique se vérifie de plus en plus à mesure que la chimie pénètre plus avant dans l'étude de la nature ; si bien qu'aujourd'hui l'idée des éléments chimiques, telle qu'elle est sortie des travaux de l'immortel Lavoisier, domine toutes les sciences qui se préoccupent de la matière et de ses transformations. La science des végétaux ne pouvait rester étrangère à ce mouvement et les tentatives dirigées dans le but de la ramener sous la loi commune n'ont pas fait défaut. A peine l'analyse chimique commençait-elle à prendre le caractère scientifique, que déjà elle s'essayait à chercher dans le sol les raisons de sa fertilité. Mais trop faible encore pour se mesurer à un pareil labeur, elle s'épuisait en efforts impuissants et l'on peut dire que malgré les progrès qui ont amené rapidement cette jeune science à la maturité que nous lui connaissons aujourd'hui, elle n'en est pas moins restée inféconde à l'égard des problèmes agricoles.

La raison en est bien simple. Supposez que l'on demande à un chimiste l'analyse d'un minéral contenant quelques traces d'or, sans le prévenir de la présence de ce métal précieux. Son attention se portera sur chacun des éléments prédominants ; quant à l'or, il échappera à son investigation. Si au contraire vous lui indiquez l'élément dont vous désirez connaître la présence et la quantité, le chimiste procédera tout autrement. Il commencera par éliminer, de son mieux, les corps qui n'ont pas d'importance. Ne s'attachant qu'à la recherche de l'or que vous lui avez signalé, il arrivera à le concentrer dans une très-petite quantité de matière où sa présence deviendra manifeste et sa détermination facile.

Vis-à-vis de l'analyse des terres, les chimistes se sont trouvés jusqu'à ce jour dans la première de ces deux alternatives. Ignorant quels étaient les éléments du sol qui jouent un rôle important dans la formation des végétaux, ils attribuaient cette faculté aux agents dont la proportion était dominante dans la terre examinée. La direction de leurs analyses variait ainsi au hasard des hypothèses diverses, que leur apportaient une intuition plus ou moins heureuse, ou les affirmations plus ou moins fondées des agriculteurs.

Pour changer cet état de choses, il fallait substituer à ces hypothèses une science certaine qui indiquât, avec une précision et une rigueur absolues, les éléments dont l'analyse devait se préoccuper, et si vous vous rappelez les faits que nous avons établis dans la dernière séance, vous n'aurez aucune peine à admettre que cette science est aujourd'hui en pleine voie de prospérité.

Nous savons, en effet, qu'il existe dans le sol des matériaux qui n'interviennent dans la production végétale que par le point d'appui qu'ils offrent aux racines, réalisant ainsi une sorte de récipient pour les éléments utiles. Nous les désignerons par le nom d'agents mécaniques.

Nous appellerons agents assimilables actifs tous ceux qui, à un moment donné, pénètrent dans le végétal à l'état de dissolution aqueuse pour faire ensuite partie intégrante de ses tissus.

Enfin, nous rangerons dans une troisième classe : celle des agents assimilables en réserve, tous les débris organiques et minéraux qui renferment des éléments utiles, mais ne peuvent les céder à l'eau qu'après une décomposition préalable.

Nous sommes ainsi conduits à la classification suivante des éléments du sol, classification véritablement naturelle, puisqu'elle repose sur les faits que nous avons tirés des résultats de la culture elle-même.

COMPOSITION DE LA TERRE FERTILE

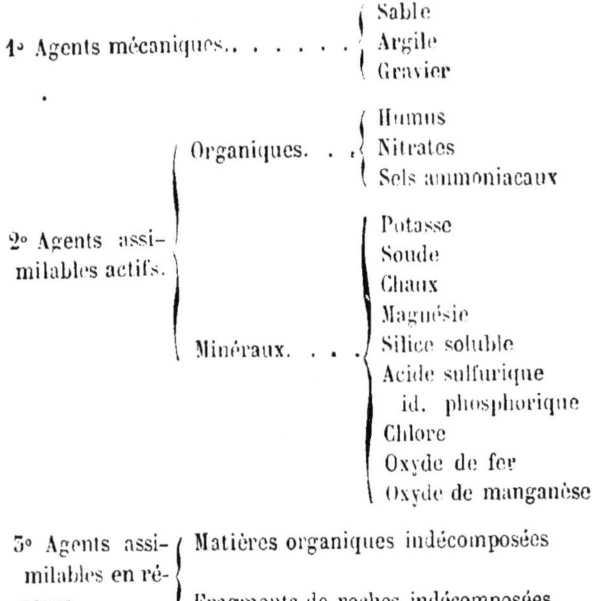

- 1° Agents mécaniques
  - Sable
  - Argile
  - Gravier
- 2° Agents assimilables actifs.
  - Organiques.
    - Humus
    - Nitrates
    - Sels ammoniacaux
  - Minéraux.
    - Potasse
    - Soude
    - Chaux
    - Magnésie
    - Silice soluble
    - Acide sulfurique
    - id. phosphorique
    - Chlore
    - Oxyde de fer
    - Oxyde de manganèse
- 3° Agents assimilables en réserve.
  - Matières organiques indécomposées
  - Fragments de roches indécomposées.

C'est pour avoir ignoré ou méconnu cette classification, que les chimistes les plus habiles n'ont pu arriver à aucun résultat utile. Cependant il ne sera pas sans intérêt de passer en revue l'histoire de leurs tentatives.

Sir Humphry Davy, l'un des plus grands chimistes dont s'honore l'Angleterre, eut la pensée de soumettre à l'analyse diverses terres réputées toutes pour leur fertilité, espérant ainsi arriver à saisir entre elles quelque chose de commun, quelque élément prépondérant auquel il eût été légitime d'attribuer leurs propriétés agricoles.

Voici les résultats auxquels il fut conduit :

NATURE DES TERRES.	SABLE SILICEUX.	SILICE.	ALUMINE.	CARBONATE DE CHAUX.	CARBONATE DE MAGNÉSIE.	OXYDE DE FER.	SELS ET MAT. ORGANIQUES.	SULFATE DE CHAUX.
Terre à Houblon.	66.5	5.2	5.5	4.8	8.0	1.2	8.0	0.5
id. à Turneps.	88.9	1.7	1.2	7.0	»	0.5	0.6	»
id. à Froment.	60.0	12.8	11.6	11.2	»	»	4.4	»
id. Très-fert.	60.0	16.4	14.0	5.6	»	1.2	2.8	»
id. de bonne qualité.	85.3	7.0	6.8	0.7	»	0.8	1.4	»
Excellent pâtur.	9.1	12.7	6.4	57.5	»	1.8	12.7	»

On voit à l'inspection de ce tableau combien l'expérience donnait peu raison aux vues du célèbre chimiste. Il ne constatait entre toutes les terres examinées que des dissemblances, et cependant toutes étaient fertiles.

Comment expliquer un pareil insuccès? Si Davy avait eu connaissance des faits que je vous ai exposés dans notre précédent entretien et que résume la classification dont nous venons de nous occuper, il lui eût été facile de voir que dans ses analyses il n'avait tenu aucun compte des agents qui assurent seuls la fertilité du sol. Il n'y est fait aucune mention de la potasse, du phosphate de chaux, de la matière azotée, principes sans lesquels il n'y a pas de production possible. Davy avait analysé la gangue sans se préoccuper du métal précieux.

Mais pouvait-il en être autrement à l'époque où il travaillait? La chimie sortait à peine de ses langes, et l'on ne possédait sur la vie des plantes que des notions vagues, issues d'observations empiriques qu'aucun lien rationnel n'avait encore ordonnées.

Aussi, loin d'apercevoir la véritable cause de l'insuccès de Davy, la science de l'époque tira de son travail une conclusion singulière. On pensa que la nature des éléments du sol était sans influence sur sa fertilité, et que, si on voulait avoir la raison de ses qualités agricoles, il fallait la demander à l'étude de ses propriétés physiques.

Cette fausse interprétation n'a pas été sans utilité pour la science. Elle a suscité des travaux considérables de la part des physiciens, et particulièrement de Schubler, qui s'est spécialement appliqué à ce genre de recherches. Il en est résulté une connaissance approfondie des propriétés mécaniques des agents dominants du sol, propriétés dont l'influence, pour être secondaire, ne laisse cependant pas de mériter un sérieux examen.

Le travail des physiciens n'avait donc été guère plus heureux que celui des chimistes, et le problème restait intact, malgré ces deux séries de tentatives.

Comme il arrive ordinairement après des excès contraires, on essaya alors de concilier les deux procédés, et M. Berthier se livra à des analyses dans lesquelles il voulut tenir compte à la fois des propriétés physiques et de la composition chimique des terres. En voici un exemple :

Terres des vignobles de Pomard (Côte-d'Or).

	N° 1.	N° 2.
Quartz resté sur le tamis de crin.	2 0	2 5
Quartz resté sur le tamis de soie.	1 4	2 0

Quartz obtenu par lévigation.	8 5		4 6	
Quartz excessivement fin. . .	17 5		15 5	
Silice combinée.	10 2	argile 15 3	7 8	argile 11 7
Alumine.	5 1		3 9	
Hydrate de fer.	9 8		7 4	
Pierre calcaire restée sur le tamis de crin.	25 0		58 5	
Pierre calcaire restée sur le tamis de soie.	2 9		10 0	
Pierre calcaire en grains fins.	7 8		2 2	
Pierre calcaire en grains, excessivement fins.	11 5		7 8	
Matières organiques.	1 0		2 0	
	101 0		102 0	

Après les travaux de M. Berthier, la science ne fut pas plus avancée qu'avant, et le chimiste le plus habile, était encore sans réponse devant ces trois questions qui intéressent au plus haut degré l'agriculteur :

1° Combien telle terre produira-t-elle en froment ?

2° Quel engrais convient-il de lui donner, et combien faut-il en employer ?

3° Combien de temps durera son effet ?

Aujourd'hui la science semble avoir fait un pas. Au lieu de se contenter du dosage des éléments mécaniques du sol, elle détermine avec le plus grand soin tous les éléments de la fertilité. La chaux, la magnésie, les alcalis, l'acide phosphorique, l'azote, etc., etc., comme, du reste, on peut s'en convaincre par l'exemple suivant :

Analyse d'une terre des environs de Châlons-sur-Marne

1° ANALYSE MÉCANIQUE :

Sable et gravier.	42 25
Matières fines.	52 50

2° ANALYSE CHIMIQUE :

Matières organiques	1 80
Eau hygrométrique	2 70
Eau combinée	5 92
Acide carbonique	35 29
Sable quartzeux	3 10
Argile	6 00
Silice attaquable	3 10
Oxyde de fer	5 00
Alumine	0 15
Chaux	40 50
Magnésie	Traces.
Alcalis	0 38
Acide sulfurique	0 28
Acide phosphorique	0 12
Azote et chlore	Traces.
	99 25

Eh bien ! ces analyses si laborieuses et si complètes, où rien n'est oublié, sont encore sans utilité pour l'agriculture, et ne peuvent pas plus que les précédentes répondre aux questions qui l'intéressent essentiellement.

C'est qu'il ne suffit pas, en effet, pour qu'une terre soit fertile, qu'elle renferme de la potasse, de l'acide phosphorique, de la chaux et de l'azote ; il faut encore que ces agents s'y rencontrent sous une forme assimilable, c'est-à-dire à un état où l'eau du sol puisse les dissoudre pour les transporter dans l'intérieur des plantes à travers les spongioles de leurs racines.

Supposons qu'une terre, au lieu de sable quartzeux, contienne un sable feldspathique ; [1] l'analyse chimique y

[1] Le Feldspath est une roche primitive composée ainsi qu'il suit :

Silice	64 20
Alumine	18 40
Potasse	16 95
Perte	0 45
	100 00

(Berthier.)

constatera la présence de tous les agents utiles aux végétaux, et cependant cette terre sera d'une désolante stérilité ; car dans le feldspath ces corps se trouvent engagés dans des silicates que l'eau ne peut dissoudre.

Non-seulement, donc, il était nécessaire de déterminer la présence et la quantité des éléments utiles, mais l'analyse, pour être féconde, devait encore se préoccuper du genre de combinaisons dans lesquelles ils étaient engagés. J'ai cherché moi-même la solution du problème dans cette voie, et pour éliminer du premier coup la partie du sol qui ne pouvait rendre raison de sa fertilité, j'ai commencé par un lavage de la terre à l'eau distillée, espérant arriver par l'évaporation du liquide obtenu à concentrer, sous un petit volume, les seuls principes dont il fallait se préoccuper.

Soumise à ce traitement, la terre de Vincennes n'a cédé à l'eau que fort peu de potasse et pas du tout d'acide phosphorique. Cependant, trois récoltes successives de froment en ont extrait 85 kilogr. d'acide phosphorique et 92 kilogr. de potasse à l'hectare. L'épuisement par l'eau distillée est donc beaucoup moins efficace que l'épuisement naturel. Dans la terre, en effet, la puissance dissolvante de l'eau se trouve considérablement augmentée par l'acide carbonique dont elle est constamment chargée, par les sels qu'elle dissout et par le temps pendant lequel elle agit.

Dans le but de me rapprocher davantage des conditions de dissolution de la nature, j'ai essayé d'épuiser la terre par de l'eau distillée, légèrement aiguisée d'acide chlorhydrique. Mais alors je suis tombé dans l'excès contraire. Tandis que trois récoltes de froment avaient épuisé le sol et n'en avaient extrait que 85 kilogrammes d'acide phosphorique, l'eau acidulée en attestait 1797 kilogr. à l'hectare.

En définitive, la chimie n'a donc pas été plus puissante entre mes mains qu'entre celles de mes devanciers, et son insuccès doit être rapporté à l'insuffisance des méthodes d'épuisement dont elle dispose. Faut-il donc désespérer de pouvoir jamais analyser la terre, en peu de temps, par des moyens de laboratoire susceptibles de définir avec certitude ses propriétés agricoles? Je ne le pense pas. Le problème, pour n'avoir pu jusqu'ici être résolu, ne me paraît pas démontré insoluble. Toute la difficulté consiste à extraire du sol tout ce que les plantes sont susceptibles d'en tirer, sans aller au delà de ce qu'elles peuvent faire elles-mêmes. Peut-être la dialyse, dont M. Graham a tiré de si bons résultats, pourra-t-elle, par son application à l'étude des terres, conduire à des données plus utiles que celles que je viens de critiquer. Mais ces méthodes ne sont pas encore instituées, et je ne puis vous les signaler qu'à titre d'espérance.

Laissons donc de côté la chimie de laboratoire dont nous venons de reconnaître l'impuissance actuelle, et reprenons les résultats que je vous ai précédemment exposés pour en déduire une méthode plus assurée, dans laquelle nous n'emploierons d'autre réactif que le végétal lui-même.

Si vous avez présent à l'esprit ce que je vous ai dit

dans notre dernière conférence, vous vous souvenez qu'il suffit de quatre agents essentiels pour assurer la fertilité des terres, et que la suppression de l'un quelconque d'entre eux abaisse le rendement d'une manière importante. Or, concevez une terre naturellement pourvue de phosphates ; n'est-il pas évident que la suppression des phosphates dans l'engrais qui lui sera donné ne pourra produire aucun mauvais effet? Réciproquement, toutes les fois que l'engrais sans phosphates produira une récolte égale à celle de l'engrais qui en contient, nous serons fondés à admettre que la terre en était naturellement pourvue.

Voulons-nous nous renseigner de même à l'égard de la potasse, de la chaux, de la matière azotée, nous cultiverons la même terre avec des engrais sans potasse, sans chaux, sans matière azotée, et suivant qu'ils produiront de bonnes ou de mauvaises récoltes, nous conclurons à la présence ou à l'absence de ces agents de la fertilité.

Cette méthode nouvelle bannit toute hypothèse, puisqu'elle repose sur les faits suivants démontrés par l'expérience, savoir :

1° *Que l'association des minéraux et d'une matière azotée assimilable produit partout de bonnes récoltes, tandis que ces agents isolés sont presque inertes ;*

2° *Que la chaux ne produit un effet utile qu'en présence de l'humus ;*

3° *Que la chaux et l'humus ne produisent de grands effets que dans un sol pourvu de minéraux et de matière azotée.*

Elle se prête à tous les besoins de la culture, puisqu'il

suffit de quelques poignées d'engrais disséminées çà et là sur un champ, pour indiquer, à l'époque de la récolte, ce que la terre contient, ce qu'il lui manque et, par conséquent, ce qu'il faut lui ajouter pour lui rendre sa fertilité.

Enfin, elle est essentiellement pratique, puisqu'elle n'exige aucune manipulation difficile, aucun appareil, et ne se sert que des procédés mêmes de la culture. Il nous reste à examiner à quel degré elle est exacte et précise, et, pour cela, mettons-la à l'épreuve de l'expérience. Voici les résultats obtenus dans trois terres différentes, comparés à ceux que donne le sable calciné dans les mêmes conditions :

TERRES.	1° SANS ENGRAIS.	2° ENGRAIS COMPLET	3° ENGRAIS COMPLET SANS MATIÈRE AZOTÉE.	4° ENGRAIS COMPLET SANS PHOSPHATE DE CHAUX.	5° ENGRAIS COMPLET SANS POTASSE.	6° ENGRAIS COMPLET SANS CHAUX.	7° ENGRAIS COMPLET AVEC HUMUS.
Sable calciné.	6	24	8	0	7	22	32
Terre des landes (Gascogne). . . .	5.5	32	9	6	8	22	»
Terre des landes (Bretagne). . . .	4	29	16	9	18	»	»
Terre de Vincennes. .	11	35	20	28	28	32	»

Nota. — Ces résultats sont exprimés en chiffres ronds pour faciliter la discussion.

La terre des landes de Gascogne sans engrais n'est pas plus fertile que le sable calciné ; avec engrais complet, son rendement est égal à celui du sable calciné avec engrais complet et humus; donc cette terre contient de l'humus.

En faisant le même raisonnement par rapport aux autres éléments, on voit qu'elle ne contient ni matière azotée, ni potasse, ni chaux, puisqu'en leur absence elle n'est pas plus fertile que le sable calciné. Elle renferme au contraire des traces d'acide phosphorique, car dans l'expérience où elle n'en reçoit pas, elle donne une faible récolte, tandis que dans le sable, les plantes périssent infailliblement. Quant à la terre des landes de Bretagne, ces essais démontrent qu'elle contient de l'humus, un peu de matière azotée, un peu de potasse et de très-faibles quantités de phosphates.

La terre de Vincennes, examinée de la même manière, se montre riche en humus, en phosphates, en potasse et en chaux, mais pauvre en matière azotée.

Voilà des données positives dont nous pouvons nous servir pour fertiliser ces terres.

Voyons jusqu'à quel point la pratique en grand les vérifie. Voici les résultats de trois années consécutives de culture au champ de Vincennes :

CULTURE DE FROMENT

RÉCOLTE A L'HECTARE

ANNÉES.	ENGRAIS COMPLET.	ENGRAIS COMPLET SANS MATIÈRE AZOTÉE.	ENGRAIS COMPLET SANS MINÉRAUX.	ENGRAIS COMPLET SANS POTASSE.	ENGRAIS COMPLET SANS PHOSPHATES
1861	Paille, 4250 k. / Grains, 2400 k. } 6650 k.	P. 3120 k. / Gr. 2130 k. } 5250 k.	P. 3250 k. / Gr. 2500 k. } 5750 k.	P. 4530 k. / Gr. 2270 k. } 6800 k.	P. 5010 k. / Gr. 2400 k. } 7410 k.
1862	Paille, 3930 k. / Grains, 1900 k. } 5830 k.	P. 3330 k. / Gr. 1520 k. } 4850 k.	P. 3610 k. / Gr. 1490 k. } 5100 k.	P. 4030 k. / Gr. 1880 k. } 5910 k.	P. 4550 k. / Gr. 2200 k. } 6750 k.
1863	Paille. 6941 k. / Grains, 3750 k. } 10691 k.	P. 3030 k. / Gr. 1287 k. } 4317 k.	P. 4841 k. / Gr. 1892 k. } 6733 k.	P. 5236 k. / Gr. 2288 k. } 7524 k.	P. 5555 k. / Gr. 1980 k. } 7535 k.
Moyennes.	7724 k.	4805 k.	5861 k.	6745 k.	7225 k.

Ce tableau montre que sans phosphates la récolte est presque égale à ce qu'elle est avec l'engrais complet ; que sans potasse, elle s'abaisse sensiblement, et que, sans la matière azotée, elle est très-inférieure, résultats exactement semblables à ceux que nous avons tirés des expériences en petit. Mais voulez-vous voir avec quelle précision ces résultats s'accordent, supposez la récolte avec engrais complet égale à 35 comme elle l'a été en petit, et calculez les autres par rapport à celle-ci. Vous serez ainsi conduits à la comparaison suivante :

	ENGRAIS COMPLET.	ENGRAIS COMPLET SANS MATIÈRE AZOTÉE.	ENGRAIS COMPLET SANS POTASSE.	ENGRAIS COMPLET SANS PHOSPHATES.
Cultures en petit.	35	20	28	28
Cultures en grand.	35	21.7	30	32

Je vous le demande, était-il possible de s'attendre à une concordance aussi parfaite, et n'est-ce pas là la preuve la plus irrécusable de l'excellence de la méthode que je viens de vous faire connaître ?

Le végétal devient donc entre nos mains un instrument d'analyse des plus parfaits, le seul, dans l'état actuel de la science, susceptible de nous renseigner, avec utilité, sur la composition des terres. Mais je donnerai à cette proposition une démonstration plus frappante encore en vous montrant jusqu'où va la sensibilité de ce nouveau réactif.

Nous avons vu que dans le sable calciné avec engrais complet sans phosphates, on arrivait à déterminer la mort des plantes. Dans la terre des landes de Gascogne, lá même combinaison donne une récolte égale à 6, ce qui atteste, avons-nous dit, la présence de petites quantités de phosphates dans cette terre. A un kilogr. de sable calciné, additionné de l'engrais complet sans phosphates, ajoutons seulement 0 gr. 01 de phosphate de chaux, c'est-à-dire un cent millième du poids du sol ; immédiatement le rendement s'élève à 6, comme dans la terre des landes de Gascogne. Nous sommes donc en droit de dire que la végétation nous a révélé avec certitude dans cette terre la présence d'un cent millième de phosphate de chaux. Dites-moi, je vous prie, quel est le procédé chimique qui peut atteindre à de pareilles limites?

L'exactitude de cette méthode par rapport aux autres éléments n'est pas moins remarquable : 3 dix-millièmes de potasse font passer le rendement de 8 à 32, 1 dix-millième de chaux en présence de l'humus l'élève de 12 à 24.

Nous sommes donc bien décidément en possession d'un moyen d'analyse dont la précision ne le cède en rien aux procédés les plus délicats de la chimie de laboratoire, dont les indications se vérifient exactement par la culture en grand, capable, par conséquent, de jeter sur les travaux agricoles une lumière assurée.

Pour le mettre en pratique, l'agriculteur n'aura qu'à

réserver sur son champ quelques carrés auxquels il donnera les engrais complets et partiels dont voici la composition pour une surface d'un are :

ENGRAIS	COMPLET	SANS MATIÈRE AZOTÉE.	SANS MINÉRAUX.	SANS POTASSE.	SANS PHOSPHATE.	SANS CHAUX.
Phosphate de chaux.	4k	4k	0k	4k	0k	4k
Carbonate de potasse.	2	2	0	0	2	2
Nitrate de soude. . .	5	0	5	5	5	5
Chaux éteinte.	2	2	0	2	2	0

A la récolte, il tiendra bonne note des résultats obtenus, et pour l'année suivante il sera fixé sur ce qui manque à sa terre, et par conséquent sur ce qu'il doit lui donner pour lui rendre sa fécondité première, ou pour la fertiliser de toutes pièces, si elle n'a pas encore donné de bonnes récoltes[1].

Depuis quelques années, les géologues se sont efforcés de tracer des cartes dans lesquelles ils représentent par des teintes particulières les terrains de nature géologique différente. Ces cartes avaient la prétention de venir en aide à l'agriculture; mais elles ont complétement échoué comme la méthode d'analyse sur laquelle

[1] Nous ne saurions trop engager les agriculteurs à instituer un champ d'expérience de cette espèce sur chaque grande pièce de terre. Ensemencé chaque année de la plante que l'on destine à la grande culture pour l'année suivante, il fournira des indications au moyen desquelles on sera toujours fixé un an d'avance sur ce qu'il faut donner à la terre pour la fertiliser au moyen desquelles en un mot on cultivera à coup sûr.

elles étaient fondées. Par les procédés que je viens de vous exposer, on peut connaître aujourd'hui les véritables propriétés agricoles des terres, et, par conséquent, reprendre le travail des géologues, à l'aide des données de la culture elle-même. On arrivera ainsi à construire de véritables cartes agricoles. Pour cela, que faut-il? Quelques champs d'expériences analogues à celui de Vincennes, disséminés à la surface de la France, sur des terrains appartenant aux principaux types géologiques. La centralisation des résultats obtenus permettrait de dresser l'inventaire exact des richesses agricoles de l'empire. Pour vous donner une idée du parti que l'on pourra tirer, dans ce but, de notre nouvelle méthode, il me suffira de comparer les résultats du champ de Vincennes avec ceux obtenus en Angleterre par MM. Lawes et Gilbert, qui, eux aussi, ont institué à leur ferme de Rothampsted des essais de la culture avec des engrais de composition connue.

De cette comparaison je pourrai déduire avec certitude la composition de la terre de Rothampsted, et vous dire en quoi elle diffère de celle que vous avez sous les yeux :

RÉSULTATS DE MM. LAWES ET GILBERT

ANNÉES.	ENGRAIS COMPLET.		MINÉRAUX SANS MATIÈRE AZOTÉE.		MATIÈRE AZOTÉE SANS MINÉRAUX.	
1855	P. 4389 k. Gr. 2149 k.	6538 k	P. 2012 k. Gr. 1779 k.	3791 k	P. 2758 k. Gr. 3572 k.	6330 k
1856	P. 4309 k. Gr. 2245 k.	6554 k	P. 2299 k. Gr. 1342 k.	3641 k	P. 1785 k. Gr. 3506 k.	5201 k
1857	P. 4500 k. Gr. 3077 k.	7577 k	P. 1864 k. Gr. 1623 k.	3487 k	P. 1867 k. Gr. 3318 k.	5185 k
Moyen^es		6823 k		3639 k		5602 k
RÉSULTATS DE VINCENNES						
Moyen^es		7724 k		4805 k		5861 k

Avec la fumure complète, les rendements moyens sont à peu près les mêmes ; sans matière azotée, le rendement de Rothampsted est très-inférieur; donc la terre de MM. Lawes et Gilbert contient moins de matière azotée que celle de Vincennes. Sans minéraux, les rendements se rapprochent beaucoup ; les deux terres ont donc à peu près la même richesse minérale. Il y a un léger avantage pour celle de Vincennes.

Vous le voyez, Messieurs, armés de notre méthode, nous pouvons faire l'analyse rétrospective de toutes les terres pour lesquelles nous possédons des renseignements de culture exacts. Nous le pourrons à plus forte raison, lorsque les documents recueillis à dessein seront aussi complets que possible.

Mais il ne suffit pas de vous avoir signalé les agents au moyen desquels on peut analyser le sol et le fertiliser. Pour vous amener à pouvoir manier vous-mêmes ces précieux engrais, il faut encore que je vous dise sous quelle forme ils doivent être administrés aux plantes, et à quelles sources l'industrie humaine peut se les procurer. Ce sera le sujet de la prochaine conférence.

CINQUIÈME CONFÉRENCE

FAITE LE DIMANCHE 3 JUILLET 1864

Messieurs,

Je vous ai annoncé pour aujourd'hui l'étude particulière des agents dont on peut se servir pour fertiliser ou pour analyser le sol. Mais avant d'entrer dans les détails, il est nécessaire de bien préciser le point où nous sommes parvenus et de vous montrer l'idée de l'engrais telle qu'elle se dégage des principes que j'ai précédemment établis.

Nous avons vu que la fertilité des terres dépendait de la présence, dans leur sein, des éléments que nous avons appelés assimilables actifs. Il en résulte évidemment que pour rendre fertile un sol qui ne l'est pas il suffira, dans tous les cas, de lui donner l'ensemble de ces éléments. C'est, en effet, ce que constate l'expérience dans le sable calciné, où un pareil mélange réalise des conditions de fertilité équivalentes à celles de la bonne terre. On peut donc dire que ce mélange est l'engrais par excellence, l'engrais idéal.

Mais lorsqu'il s'agit d'une terre agricole, il est impossible qu'elle ne renferme pas déjà une partie des éléments qui lui sont nécessaires. Il en est, tel que le fer et le manganèse, qui existent presque partout et dont les plantes ne prennent que des quantités infinitésimales. En général, il n'y a donc aucunement à craindre qu'ils fassent jamais défaut. Nous nous dispenserons, en conséquence, de les faire entrer dans l'engrais pratique.

Nous bannirons également de sa composition tous les agents dont le mode d'action ne nous est qu'imparfaitement connu ou pour lesquels nous ignorons encore la forme susceptible de manifester leur influence. C'est pour ce motif que nous en exclurons la soude, la magnésie, l'acide sulfurique et le chlore [1].

La science est de sa nature essentiellement progressive, et je n'ai aucunement la prétention de croire que je possède la vérité tout entière et qu'il ne reste rien à découvrir. Loin de là, j'espère au contraire qu'il me sera encore donné d'ajouter moi-même quelques connaissances nouvelles à celles que je m'efforce de vous exposer, et c'est dans ce but que je poursuis activement mes recherches. Éloignons donc toute idée exclusive, constituons un engrais perfectible comme la science dont il est une déduction, et contentons-nous d'y faire

[1] Des expériences récentes ont démontré à M. G. Ville que la magnésie pouvait avoir une grande importance; il aura sans doute bientôt l'occasion de revenir sur ce sujet.

entrer les produits dont l'action est actuellement bien définie, la forme utile parfaitement connue, et dont les végétaux exigent des quantités importantes. Cet engrais pratique représentera tout ce qu'il peut y avoir de plus parfait dans l'état actuel de nos connaissances; il suffira, dans la grande généralité des cas, à tous les besoins de la culture, et si l'avenir peut être appelé à y faire d'utiles additions, nous pouvons affirmer du moins qu'il n'aura rien à en retrancher.

Ces considérations nous conduisent aux conclusions exprimées par le tableau suivant :

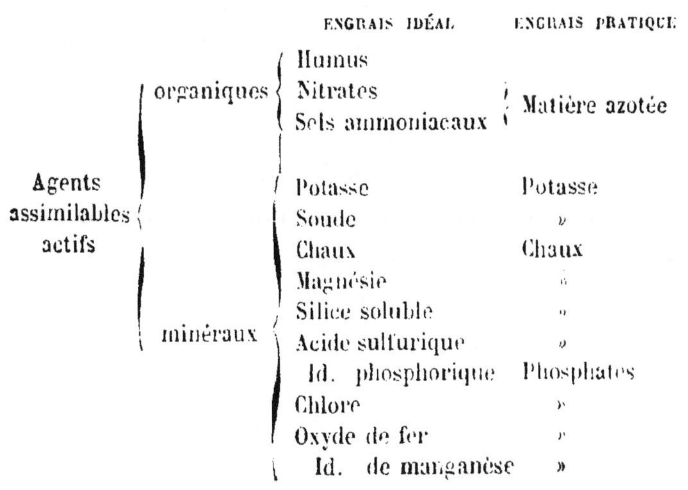

		ENGRAIS IDÉAL	ENGRAIS PRATIQUE
Agents assimilables actifs	organiques	Humus	Matière azotée
		Nitrates	
		Sels ammoniacaux	
	minéraux	Potasse	Potasse
		Soude	»
		Chaux	Chaux
		Magnésie	»
		Silice soluble	»
		Acide sulfurique	»
		Id. phosphorique	Phosphates
		Chlore	»
		Oxyde de fer	»
		Id. de manganèse	»

Parmi les constituants de l'engrais pratique figure la CHAUX, que l'on se procure facilement partout, et sur l'histoire de laquelle tout le monde est à peu près édifié. Je me dispenserai donc de vous en entretenir, préférant réserver mes développements pour les matériaux moins connus et dont il est moins facile de se pourvoir.

J'appelle MATIÈRE AZOTÉE tout principe renfermant de

l'azote au nombre de ses éléments, et susceptible d'en fournir à la végétation. Tous les détritus des êtres qui ont vécu sont dans ce cas. Enfouis dans le sol, ils y subissent une lente décomposition, par suite de laquelle leur azote se sépare partiellement à l'état de carbonate d'ammoniaque ou d'acide nitrique. Ces corps sont retenus dans le sol par l'humus ou par l'argile, et l'eau vient ensuite les dissoudre peu à peu pour les transporter dans l'intérieur des végétaux. Mais puisque les matières azotées d'origine animale ou végétale ne sont utiles qu'après s'être transformées en sels ammoniacaux ou en nitrate, il y a tout avantage à recourir directement à ces produits ; c'est pourquoi, au point de vue qui nous occupe, nous leur donnons aussi, par extension, la dénomination de matières azotées.

Je vous ai déjà entretenus de l'efficacité des nitrates et des sels ammoniacaux dans notre seconde conférence; je n'y reviendrai pas et me bornerai, par conséquent, à vous faire connaître les sources où l'on peut se procurer ces composés.

Le grand gisement naturel de l'azote est l'air atmosphérique. Nous avons vu que la végétation en général jouissait de la faculté d'y puiser la plus grande partie de celui qu'elle s'assimile. L'idée d'imiter la nature et de se procurer des composés azotés en faisant entrer directement l'azote de l'air en combinaison s'est dès longtemps présentée à l'esprit des chimistes. Malheureusement l'azote libre ne possède que des affinités très-faibles, ce qui rend extrêmement difficile la solution du problème que la chimie s'était ainsi posé. Dans ces derniers temps, cependant, MM. Sourdeval et Marguerítte sont parvenus à produire de l'ammoniaque avec l'azote de l'air par une réaction intéressante, mais encore trop dispendieuse pour qu'elle en puisse jamais devenir une source importante. Ces messieurs font passer l'azote atmosphérique sur du charbon imbibé de baryte et porté à une température très-élevée. Il se produit ainsi du cyanure de baryum BaC^2Az, dont on transforme l'azote en ammoniaque par un courant de vapeur d'eau. Cette remarquable expérience réalise la solution scientifique du problème, mais elle n'en donne pas la solution économique.

Depuis quelques années la fabrication du gaz de l'éclairage déverse dans l'industrie des quantités très-importantes de sels ammoniacaux. On sait que la houille contient 0,75 pour 100 d'azote qui se dégage partiellement à l'état d'ammoniaque pendant sa distillation. On condense cette ammoniaque dans des eaux acides, dont l'évaporation fournit des sels ammoniacaux. Cette source n'est certainement pas à dédaigner, mais elle est loin d'être suffisante.

L'Angleterre consomme annuellement un million de tonnes de charbon pour la fabrication du gaz. Il en peut résulter environ 10 000 tonnes de sel ammoniac qui suffisent à peine à engraisser en azote 20 000 hectares de terre labourable. Si l'on songe que le territoire de la France contient environ 50 000 000 d'hectares cultivés, on aura une idée de l'importance du débouché que l'agriculture offre aux sels ammoniacaux et de l'insuffisance de l'industrie du gaz pour satisfaire à cette consommation. Il ne faut pas oublier toutefois que c'est là une source qui vient à peine de se produire, qui repose sur une industrie pleine d'avenir et qui pourrait recevoir d'importants développements, si l'on parvenait à substituer d'une manière générale la production du coke en vase clos à sa fabrication à ciel ouvert.

Les sels ammoniacaux provenant de la distillation du charbon méritent d'ailleurs toutes nos sympathies, car ils rendent à la végétation de nos jours une partie de l'azote qui a servi autrefois aux grandes formations végétales dont la houille nous offre les débris. Ils remettent ainsi à la disposition de l'industrie humaine des quantités considérables d'azote combiné qui, sans cette fabrication, resteraient, en pure perte, enfouies dans les entrailles de la terre.

Il existe une autre source très-abondante d'ammoniaque ; ce sont les eaux vannes. On nomme ainsi les liquides qui surnagent les matières solides dans les fosses d'aisances et dans tous les égouts de voirie. Ces eaux ont été depuis longtemps l'objet d'une certaine exploitation. On les distillait avec de la chaux dans de grands alambics en plomb. L'ammoniaque dégagée était recueillie dans de l'acide chlorhydrique étendu dont l'évaporation fournissait du sel ammoniac. Mais les chaleurs perdues à la fin de chaque opération élevaient trop le prix de revient pour que cette fabrication pût prendre une grande extension. MM. Sourdeval et Margueritte ont appliqué récemment à cette distillation un appareil continu analogue à ceux qui rendent de si grands services à la fabrication de l'alcool.

Grâce à cette heureuse innovation, les frais de production ont pu être considérablement diminués, et ces messieurs, dans une seule usine, sont arrivés déjà à fabriquer par jour environ six tonnes de sel ammoniac qu'ils livrent à des prix très-modérés. Cette industrie, qui est susceptible d'une très-grande extension, pourra devenir une source de richesses pour l'agriculture, car elle permettra de lui rendre une grande partie de l'azote combiné qu'elle exporte sans cesse sous forme de récolte et qui va ainsi s'accumuler dans les villes, où il est en général perdu au grand détriment de la santé publique.

Quelle que soit l'origine de l'ammoniaque, son chlorhydrate (AzH^4Cl) paraît être la forme la plus avantageuse sous laquelle on doive l'employer. Il m'a fourni constamment de bons résultats. On peut le donner aux terres légères à la dose de 500 kilogr., représentant 130 kilogr. d'azote à l'hectare. Mais dans les terres fortes, cette dose serait excessive ; pour peu que la saison fût humide, elle pourrait occasionner la verse des blés. Il faut, dans ce cas, la réduire à 300 ou 350 kilogr. au maximum, ce qui, à raison de 40 fr. les 100 kilogr., fait une fumure de 120 à 141 fr. Dans le sel ammoniac, l'azote revient à 1 fr. 50 le kilogr.

Au lieu de ce sel, on peut employer le nitrate de soude du Pérou, dont le prix est aussi de 40 fr. les 100 kilogr. Seulement, comme il renferme moins d'azote que le chlorhydrate d'ammoniaque, il revient plus cher. Le prix de l'azote y est de 2 fr. 55 le kilogr.

Lors donc que l'on se proposera de donner isolément la matière azotée à la terre, on fera bien de recourir au sel ammoniac. Mais quand on veut la faire entrer dans un mélange constituant un engrais complet et contenant par conséquent de la chaux, mélange qu'il s'agit de conserver et d'expédier au loin, alors il est préférable d'employer le nitrate de soude, parce qu'à la longue et sous l'influence de l'humidité la chaux décompose le sel ammoniac, et pourrait ainsi faire perdre une partie de l'azote utile.

En dehors des nitrates et des sels ammoniacaux, on peut encore, pour donner de l'azote aux récoltes, recourir à l'usage de toutes les matières azotées d'origine animale ou végétale que l'on pourra se procurer économiquement, pourvu qu'elles soient d'une décomposition facile au sein de la terre arable, sans quoi leur effet utile pourrait se faire longtemps attendre. Dans l'emploi de ces matières, on devra en outre tenir compte de ce qu'un tiers environ de leur azote, séparé pendant leur destruction à l'état élémentaire, ne peut profiter à la végétation comme azote combiné.

Passons à l'étude des PHOSPHATES.

L'acide phosphorique est extrêmement répandu dans la nature; il existe en très-faible proportion dans la plupart des roches cristallines où il est en combinaison avec l'alumine et avec l'oxyde de fer. A cet état, il est inutile à la végétation, l'eau ne pouvant le dissoudre. Dans les terrains de sédiment il se présente au contraire sous une forme entièrement assimilable, sous celle de PHOSPHATE DE CHAUX. Mais en général le sol n'en renferme que des traces, quelques dix-millièmes tout au plus, et dans beaucoup de contrées la culture, longtemps continuée, a fini par l'en épuiser à peu près complétement. Heureusement il en existe sur certains points du globe des gisements considérables, assez abondants pour réparer les pertes du passé et assurer la richesse de l'avenir.

La craie, qui forme de si puissants dépôts, renferme toujours du phosphate de chaux dont la proportion est d'autant plus forte que l'on s'enfonce davantage dans leur épaisseur. Tout à fait à la base du terrain crétacé se rencontre un minéral particulier, en rognons de grosseurs variables et qui renferme jusqu'à 50 pour 100 de phosphate de chaux.

Ce produit, très-abondant, récemment découvert et connu sous le nom de nodules, promet à l'agriculture une source pour ainsi dire intarissable. Mais il en est une autre, tout aussi étendue, d'une richesse plus grande encore, et d'une exploitation très-facile. C'est l'apathite, qui forme, en Espagne, des montagnes entières, où on peut l'exploiter à ciel ouvert et par les moyens les plus simples. L'apathite est une combinaison d'un équivalent de phosphate tribasique de chaux avec un équivalent de fluorure de calcium $PhO^5,3CaO + CaFl$.

A cet état, le phosphate de chaux est fort peu assimilable, mais il est facile de désagréger cette roche et de la rendre accessible à la végétation. Pour cela, il suffit, après qu'elle a été réduite en poudre, de l'arroser avec son poids d'acide sulfurique étendu de son volume d'eau. Il se produit ainsi du sulfate et du phosphate acide de chaux qui est très-soluble dans l'eau. On peut traiter de même les nodules et en général le phosphate tribasique de chaux, quelle que soit son origine. Dans le sol, le phosphate acide, rencontrant un excès de carbonate de chaux, passe à l'état de phosphate neutre, ce qui constitue une circonstance des plus favorables à son absorption par les plantes.

Avant la découverte des nodules qui commencent à entrer largement dans la pratique agricole et celle de l'apathite qui est à peine en train de faire son apparition, on avait eu successivement recours aux coprolites, sortes de concrétions phosphatées d'origine animale et dont il existe des gisements abondants ; aux os fossiles que l'on trouve dans les cavernes à ossements et dans les roches connues sous le nom de brèches osseuses ; aux noirs de raffineries et même aux os employés en nature après calcination, ou après un dégraissage préalable, ce qui vaut infiniment mieux.

Tous ces produits ont rendu et peuvent rendre encore de grands services, mais il en est un sur lequel je désire appeler plus particulièrement votre attention, autant à cause du rôle important qu'il a joué dans la révolution agricole à laquelle nous assistons, qu'en considération de sa richesse en phosphates et de l'abondance de ses gisements : c'est le guano.

Lorsque ce produit commença à se répandre, vers 1804, personne ne se doutait encore qu'il fût possible de remplacer le fumier de ferme. C'est lui qui attira l'attention des savants et des agronomes sur les engrais artificiels, et telle était l'ignorance dans laquelle on était encore, il y a quelques années, que l'on attribuait exclusivement les propriétés fécondantes du guano à l'azote qu'il renferme. Quelles que fussent les idées que l'on cherchât à se faire de son action, les bons résultats qu'il produisit ne démontrèrent pas moins pour la première fois qu'il était possible d'obtenir de très-belles récoltes par des procédés qui brisaient définitivement avec les traditions du passé et ouvraient à l'agriculture la voie entièrement nouvelle des engrais artificiels[1].

Le guano forme des dépôts considérables sur les îlots disséminés dans l'océan Pacifique et sur les côtes du Pérou. On a supposé qu'il avait été produit par des excréments d'oiseaux se nourrissant de poissons. Sa composition n'est pas complétement favorable à cette hypothèse. Il renferme proportionnellement beaucoup plus d'acide phosphorique que les excréments d'oiseaux. Il me semble donc plus probable qu'il réunit à la fois les déjections et les squelettes de ces animaux. Quoi qu'il en soit, le guano contenant à la fois de l'azote et du phosphate de chaux assimilables constitue une matière essentiellement fertilisante. Pour le transformer en engrais complet, il suffirait de lui ajouter de la potasse et de la chaux.

Les guanos n'offrent pas une composition toujours identique. Leur richesse en azote varie de 5 à 14 pour 100 et leur teneur en phosphates peut s'étendre de 25 à 35 pour 100. Avant donc d'employer ces produits il importe de les soumettre à l'analyse, tant pour se mettre à l'abri des falsifications dont ils sont fréquemment l'objet que pour se renseigner sur les doses que l'on doit en employer.

[1] Voir note II à la fin de l'ouvrage

Quelle que soit la forme sous laquelle on se procure le phosphate de chaux, la dose convenable est de 400 kilogr. à l'hectare. On peut le transformer préalablement en phosphate acide, comme je l'ai dit précédemment. On peut aussi l'employer directement, mais dans ce cas il importe de distinguer celui qui est assimilable de celui qui ne l'est pas. Ainsi l'apathite ne devra jamais être utilisée de cette façon. Car malgré les 80 pour 100 de phosphate de chaux qu'elle renferme, ses effets seraient fort douteux.

Jusqu'ici le phosphate acide est exclusivement usité en Angleterre. En France, au contraire, c'est l'emploi direct qui a prévalu. Mais je ne doute pas que notre agriculture ne finisse par imiter en ce point celle de nos voisins, qui me semble beaucoup mieux avisée.

Nous avons compris dans notre engrais pratique un quatrième élément, la potasse ; il me reste à vous en faire l'histoire.

Je vous ai démontré précédemment la nécessité de sa présence dans le sol et l'impossibilité de lui substituer la soude, qui est parvenue à la remplacer dans la plupart de ses usages industriels.

Lorsqu'il s'agit d'engrais, il n'y a pas de substitutions possibles; ici chaque principe a des propriétés nettes et tranchées. Le végétal est un réactif qui distingue les nuances les plus légères. Vous en aurez une preuve nouvelle dans l'étude de la forme sous laquelle la potasse a le plus d'efficacité. Le chlorure de potassium, le sulfate de potasse et le carbonate de la même base sont tous les trois solubles dans l'eau, tous trois peuvent être absorbés par les racines; cependant le chlorure est complétement inactif, le sulfate ne produit qu'un effet médiocre et le carbonate donne les meilleurs résultats. On obtient aussi d'excellents effets avec le silicate de potasse contenant assez de silice pour ne se laisser que très-lentement attaquer par l'eau. C'est sous cette forme que j'ai constamment employé la potasse dans mes expériences en petit. Ce sel a l'avantage de fournir cet alcali, pour ainsi dire au fur et à mesure des besoins de la plante. Mais son emploi en grand est impossible à cause de son prix de revient beaucoup trop élevé. D'ailleurs il n'agit qu'après s'être transformé en carbonate sous l'influence de l'acide carbonique du sol. Il est donc préférable de recourir directement au carbonate de potasse, qui est à la fois la forme la plus active et la plus économique sous laquelle on puisse se procurer cet agent. Il faut l'employer à la dose de 200 kilogr. à l'hectare.

Il est un sel qui serait bien plus avantageux, s'il était possible de l'obtenir à bon marché : c'est le nitrate de potasse. Il contient à la fois 50 pour 100 de potasse et 14 pour 100 d'azote, tous deux éminemment assimilables, de telle sorte que, mélangé à du phosphate de chaux et de la chaux, il constitue un engrais complet.

Malheureusement son prix est actuellement de 120 fr. les 100 kilogr. Si l'on compte à 3 fr. les 14 kilogr. d'azote qu'il renferme, il reste encore près de 80 fr. pour les 50 kilogr. de potasse, ce qui fait 160 fr. les 100 kilogr., tandis que cet alcali ne se paye pas plus de 100 fr. dans ses autres composés. Néanmoins j'ai cru devoir vous signaler les avantages du nitrate de potasse, qui renferme plus de 60 pour 100 de matière assimilable, afin de surexciter les chimistes à rechercher des moyens de le produire économiquement.

Les sources de la potasse sont peu nombreuses. Il y a quelques années, toute celle que l'on trouvait dans le commerce provenait du lessivage des cendres des végétaux. L'Amérique et la Russie avaient longtemps fourni à cette fabrication, et c'était là une excellente chose, puisqu'on appauvrissait ainsi de véritables solitudes pour enrichir l'industrie des contrées civilisées.

A côté des potasses de Russie et d'Amérique est venue se placer celle que les fabricants de sucre se sont mis à extraire des salins de betterave. Cette plante tire, en effet, du sol des quantités considérables de potasse que l'on retrouve dans les vinasses provenant de sa distillation ou de celle des mélasses qui restent après la cristallisation de son sucre. Il suffit d'évaporer ces vinasses et de calciner le résidu pour obtenir du carbonate de potasse. Cette fabrication a rapidement pris beaucoup d'extension ; elle a donné de grands profits à ceux qui s'y livraient, mais comme cela devait être, elle a ruiné le sol qui en a fait les frais. Il y a vingt ans, aux environs de Lille, la betterave donnait des jus d'une grande richesse saccharine ; aujourd'hui, malgré les engrais les plus abondants, malgré les soins de culture les plus perfectionnés, elle ne peut plus y produire que des jus contenant 5 à 6 pour 100 de sucre et par conséquent ne peut être utilisée que pour l'alimentation du bétail. La raison en est bien simple. Les engrais que l'on emploie ne rapportent au sol que de faibles quantités de potasse, quantités insuffisantes pour réparer les pertes que lui a fait éprouver l'abondante exportation dont je parlais tout à l'heure.

Si les agriculteurs du Nord veulent retrouver la betterave à sucre, il faut qu'ils rendent de la potasse à leurs terres. Mais alors il faudrait sacrifier la plus grande partie de ces capitaux que la vente de la potasse avait produits.

Heureusement de nouvelles sources de potasse tendent à se produire, et j'ai tout lieu de croire que dans un avenir prochain l'agriculture pourra se la procurer à bon marché.

Je citerai d'abord l'extraction de la potasse du suint, nouvelle industrie récemment créée par MM. Maumené et Rogelé.

Ces messieurs recueillent les eaux du premier lavage que l'on fait subir à la laine avant de la teindre; ils les évaporent dans de grands bassins et calcinent le résidu dans des cornues à gaz.

Ils obtiennent ainsi un gaz très-éclairant, et comme résidu du carbonate de potasse brut que l'on retire des cornues.

C'est là une source intéressante, puisqu'elle fait entrer au service de l'industrie de la potasse qui, jusqu'ici, était absolument perdue. Mais elle n'est pas susceptible d'une très-grande extension, et, en définitive, c'est encore de la potasse empruntée à l'agriculture dont le retour au sol peut servir, dans une certaine mesure, à entretenir sa fécondité, mais ne peut, en aucune façon, élever sa puissance de production.

Il existe maintenant une autre industrie qui promet de faire baisser, dans un avenir prochain, le prix des sels de potasse.

Autrefois, dans la fabrication du sel marin, on rejetait à la mer les eaux mères qui l'avaient laissé déposer. M. Balard, par de patientes et laborieuses études, est arrivé à montrer que ces eaux mères pouvaient être utilisées pour produire, à peu de frais, plusieurs sels utiles. Les procédés de M. Balard modifiés par M. Merle, qui les a installés dans la Camargue, fonctionnent maintenant sur une vaste échelle et produisent des quantités considérables de chlorure de potassium. Les eaux de la mer subissent une première évaporation au soleil, par suite de laquelle elles laissent déposer les quatre cinquièmes de leur chlorure de sodium. Les eaux mères se rendent alors dans des réservoirs spéciaux où elles sont brusquement refroidies à 18° au-dessous de zéro, par une machine réfrigérante de M. Carré. A cette basse température il se produit un double échange entre le chlorure de sodium restant et le sulfate de magnésie, d'où résulte du sulfate de soude qui cristallise et du chlorure de magnésium qui reste en dissolution. Après l'enlèvement du sulfate de soude, les eaux mères ne contiennent plus que du chlorure de magnésium et du chlorure de potassium dont on détermine le dépôt par une nouvelle réfrigération dans des bassins appropriés. Un lavage enlève ensuite le chlorure de magnésium et laisse le chlorure de potassium beaucoup moins soluble, presque à l'état de pureté.

Je viens de visiter l'établissement de M. Merle et je vous assure que c'est un spectacle émouvant que de voir ces immenses appareils réfrigérants, fonctionnant avec la régularité des machines à vapeur et transformant, d'une manière continue, les eaux mères provenant des bassins de plusieurs hectares de surface, en une neige de sulfate de soude d'un côté, et en chlorure de potassium de l'autre.

Il y a là une source illimitée de ce sel qui pourra rendre à l'agriculture les plus grands services lorsqu'on sera parvenu à le transformer économiquement en carbonate, car, je vous l'ai dit, il ne peut être utilisé en nature.

J'étais enthousiaste de cette magnifique industrie, mais en voici une autre dont je viens d'apprendre l'existence et qui me paraît bien plus importante encore.

Les roches feldspathiques qui constituent, dans beaucoup de contrées, des amas inépuisables, contiennent toutes de la potasse. L'orthose en renferme jusqu'à 14 pour 100. Cette potasse engagée dans des combinaisons insolubles est complétement inerte. Elle ne devient accessible à la végétation qu'après la désagrégation et la décomposition de la roche dont elle fait partie. Or, ces roches ne s'altèrent qu'avec une extrême lenteur sous l'influence des agents météorologiques, et pour observer les effets de cette altération il faut compter le temps par périodes géologiques.

Séparer par des moyens économiques et rapides la potasse contenue dans les feldspaths a été depuis longtemps un des problèmes les plus travaillés de la chimie industrielle. Plusieurs solutions se sont produites, mais aucune d'elles n'avait réussi à fournir de la potasse véritablement à bon marché.

MM. Ward et Winants, de Bruxelles, viennent de résoudre cette difficulté. Ils attaquent les feldspaths en les chauffant avec du carbonate de chaux et du fluorure de calcium. La masse est ensuite traitée par l'eau qui en extrait la totalité de la potasse à l'état de carbonate. Cette réaction n'exige qu'une température modérée et laisse un résidu utilisable. Elle se trouve donc dans d'excellentes conditions pratiques. Ses inventeurs s'efforcent de la réaliser industriellement, et comme le succès de leur entreprise serait un très-grand bienfait pour l'agriculture, séparons-nous, Messieurs, en leur souhaitant de réussir [1].

[1] Pour la manière de répandre ces divers engrais, voir note I à la fin de l'ouvrage.

SIXIÈME CONFÉRENCE

FAITE LE DIMANCHE 10 JUILLET 1864

MESSIEURS,

Tout ce que je vous ai dit jusqu'ici peut se résumer dans les deux propositions suivantes :

1° *Il existe quatre agents régulateurs par excellence de la production des végétaux ; ce sont : la matière azotée, le phosphate de chaux, la potasse et la chaux.*

2° *Pour conserver à la terre sa fertilité, il faut lui rendre périodiquement ces quatre substances en quantités égales à celles que les récoltes en ont prélevées.*

Telles sont, dans toute leur simplicité, les conclusions auxquelles nous avons été invinciblement conduits par la discussion des expériences scientifiques sur la végétation. Examinons maintenant jusqu'à quel point ces résultats se trouvent d'accord avec les données de la pratique, avec les traditions du passé.

C'est une loi admise en agriculture, que la terre ne produit pas sans engrais, et l'engrais par excellence, que la pratique a réalisé, est le fumier de ferme, collection de tous les résidus des récoltes, véritable *caput mortuum* de l'exploitation agricole.

Je ne connaîtrais pas la composition du fumier, qu'aujourd'hui je ne craindrais pas d'affirmer qu'il renferme les quatres agents de la production végétale, car, sans leur présence, ses bons effets seraient incompréhensibles.

Mais voici son analyse :

Composition du fumier sec.

		FERME IMPÉRIALE DE VINCENNES.		FERME DE BECCHELBRONN.
Éléments organiques	Carbone	59,65	35,05	65,50
	Hydrogène		4, 2	
	Oxygène		25, 8	
	Azote	2,08		2,00
Éléments minéraux	Acide phosphorique	0,88		1,00
	Id. sulfurique	Traces		0,65
	Id. carbonique	0,94		0,66
	Chlore	0,70		0,20
	Alumine et oxyde de fer	0,68		2,05
	Chaux	5,25		2,81
	Magnésie	0,32		1,20
	Potasse	2,46		2,60
	Soude	Traces		
	Silice soluble	1,41		22,13
	Sable	25,66		
		100,01		100,78
		G. VILLE.		BOUSSINGAULT.

Nous retrouvons donc dans le fumier, dont le temps a consacré l'usage, l'acide phosphorique, la chaux, la potasse et la matière azotée, ces mêmes corps que nos études nous ont indiqués comme étant le point de départ de toute production.

Assurément, cette coïncidence n'est point l'effet du hasard. Notre première proposition se trouve donc pleinement vérifiée. Examinons s'il en est de même de la seconde. Pour cela, il nous suffira de passer en revue les systèmes de culture les plus usités et de montrer que dans tous il existe une balance exacte à l'égard de ces quatre agents, entre les quantités apportées par le fumier et celles emportées par les récoltes. Sur ce second point, la démonstration sera tout aussi concluante que sur le premier.

Le plus ancien système de culture qu'ait enfanté le besoin, reconnu par la pratique, d'entretenir la fertilité du sol, est celui qui est encore en usage dans beaucoup de contrées sous le nom d'assolement triennal. Tous les trois ans la terre reçoit, par hectare, 20 mille kilogr. de fumier de ferme ; elle reste un an en jachère et produit ensuite deux récoltes de froment.

Voici les résultats de ce système :

BALANCE DU SYSTÈME TRIENNAL [1]

NATURE DES CULTURES		POIDS DES RÉCOLTES.	POIDS DES RÉCOLTES SÈCHES	AZOTE DES RÉCOLTES.	ACIDE PHOSPHORIQUE.	POTASSE ET SOUDE	CHAUX ET MAGNÉSIE.
1re année	Jachère	»	»	»	»	»	»
2e et 3e années Froment	Grain	3318k.	2836k.	65k.2	25k.8	16k.2	10k.1
	Paille	7500	5550	22 2	12 0	37 2	22 8
Sommes		10818	8386	87 4	37 8	53 4	32 9
Fumier employé		20000	4140	82 8	39 4	102 6	160 0

[1] Ce tableau est extrait de l'*Economie rurale* de M. Boussingault.

Vous le voyez, la balance est sensiblement exacte à l'égard de l'azote et de l'acide phosphorique; quant à la potasse et à la chaux, elle se solde en bénéfice pour la terre.

Il n'y a donc plus rien de surprenant à ce que ce système maintienne la fécondité du sol, puisqu'il ne lui fait rien perdre, mais à quelles conditions?

Pour se procurer ces 20,000 kilogr. de fumier nécessaire tous les trois ans, il faut élever du bétail; pour le nourrir, il faut de la prairie, et pour entretenir celle-ci, il faut des irrigations. C'est donc en définitive à l'eau des irrigations que l'assolement triennal demande les quatre agents qu'il exporte sous forme de grain, et pour se les procurer il est obligé de consacrer le tiers du domaine à la prairie. La jachère et la prairie, voilà donc les deux plaies du système triennal.

Dès longtemps, l'agriculture s'est efforcée d'échapper à la jachère. Elle y est parvenue par l'introduction, dans l'assolement, du trèfle et des plantes sarclées.

La rotation s'est ainsi étendue à cinq années. Les récoltes de trèfle et de racines ont pu nourrir les bestiaux et le système se suffire à lui-même.

Voici d'ailleurs les chiffres auxquels il donne lieu :

BALANCE DU SYSTÈME QUINQUENNAL [1]

ANNÉES.	CULTURES.		RÉCOLTE VERTE.	RÉCOLTE SÈCHE.		AZOTE.		ACIDE PHOSPHORIQUE.		POTASSE ET SOUDE.		CHAUX ET MAGNÉSIE.	
1re	Pommes de terre.		12800k		3085k		46k 3		13k 9		63k 5		8k 9
2e	Froment	grains	1543	1148	3406	26, 4	35, 4	12, 9	17, 7	8, 1	23, 1	3, 2	26, 2
		paille	3050	2258		9, 0		4, 8		15, 0		21, 0	
3e	Trèfle		5100		4029		84, 6		19, 5		84, 1		95, 8
4e	Froment	grains	1659	1418	4208	32, 6	43, 8	15, 9	21, 9	10, 0	28, 0	6, 4	32, 8
		paille	3770	2790		11, 2		6, 0		18, 0		26, 4	
	Navets dérobés.		9550		716		12, 2		3, 3		21, 6		8, 2
5e	Avoine	grains	1344	1064	2347	23, 3	28, 4	6, 4	8, 3	3, 5	21, 4	4, 9	12, 1
		paille	1800	1283		5, 1		1, 9		18, 9		7, 2	
	Totaux		40416		17789		250, 7		84, 6		247, 7		184, 0
	Fumier		49016		10161		205, 0		98, 0	255	410, 0	399	729, 0
	CENDRE DE TOURBE.		»		5000		» »		» »	155		330	

[1] Ce tableau est extrait de l'*Economie rurale* de M. Boussingault.

Le système triennal accumulait en pure perte des quantités importantes d'alcalis et de chaux dans le sol.

Grâce au trèfle et aux racines qui ont pour ces éléments une préférence marquée, ils se trouvent utilisés en grande partie. Mais l'avantage le plus grand de l'assolement quinquennal réside dans sa manière de se comporter à l'égard de l'azote. Vous voyez que le compte de cet élément se solde en bénéfice pour la récolte, et si vous recherchez à quelle plante ce bénéfice est dû, vous trouvez que c'est au trèfle, à la légumineuse qui fait partie du système.

Vous vous le rappelez, en effet, tandis que les céréales puisent la plus grande partie de leur azote dans le sol, les légumineuses, au contraire, le demandent à l'atmosphère. Aussi voyez-vous que la récolte de froment qui suit celle du trèfle est plus abondante et renferme plus d'azote que celle qui la précède, ce qui prouve que le trèfle n'a nullement appauvri le sol de cet élément.

L'assolement quinquennal réalise donc la culture continue.

Il a sur le précédent deux avantages importants : 1° il emprunte à l'air une partie de l'azote des cultures ; 2° il utilise l'excès de potasse et de chaux apporté par l'engrais. Aussi les récoltes sont elles plus abondantes, comme cela ressort du tableau que voici :

RENDEMENT MOYEN ANNUEL DES DEUX SYSTÈME :

	Triennal.	Quinquenna
Poids de récolte sèche à l'hectare.	2,790k	3,558k
Azote contenu dans cette récolte.	29	50

Avec l'assolement de cinq ans, l'agriculture a été

amenée à substituer l'exportation de la viande à celle des céréales, et elle a retiré de cette substitution des avantages marqués. C'est qu'en effet, la vente des céréales fait éprouver au domaine une perte de potasse, d'acide phosphorique et d'azote qui ne peut être compensée que par un apport d'engrais étranger ou par l'irrigation. Si, au contraire, on fait consommer les récoltes sur place par des animaux, on retrouve dans leurs déjections la presque totalité de l'acide phosphorique et de la potasse que contenaient leurs rations. Les quantités qui s'en fixent dans leur charpente osseuse et dans leurs tissus ne constituent qu'une très-faible perte. Quant à l'azote, leur respiration en rejette environ le tiers dans l'atmosphère à l'état gazeux, les deux autres tiers retournent à la terre par le fumier. Il y a là une perte qui appauvrirait inévitablement le domaine sans le trèfle qui en prélève sur l'atmosphère une quantité équivalente.

Il suit de là que l'élève du bétail à pour conséquence de conserver sur le sol la presque totalité des quatre agents qui en assurent la fertilité et de se procurer des bénéfices en argent, sans appauvrir sensiblement le domaine.

Vous le voyez, le système quinquennal, pas plus que le triennal, ne vient à l'encontre de nos conclusions; ils en reçoivent au contraire une lumière inattendue et par conséquent en donnent une éclatante confirmation.

Mais est-ce là ce que la pratique a créé de plus avancé? Non, Messieurs, il existe une culture qui réalise des bénéfices considérables et qui, bien conduite, ne fait presque rien perdre à la terre, c'est la culture industrielle de la betterave. Ici, les produits exportés sont le sucre ou l'alcool, substances exclusivement composées de charbon, d'hydrogène et d'oxygène empruntés à l'eau et à l'air atmosphérique. Les pulpes exprimées servent à nourrir le bétail, et la presque totalité des éléments utiles retourne au sol, surtout si on a le soin de mélanger aux fumiers les vinasses de distillation au lieu d'en extraire la potasse, usage que j'ai critiqué dans la dernière séance.

Tels sont ces systèmes agricoles, enfantés par des siècles de tâtonnements, véritable arche sainte de l'agriculture, à laquelle il eût été téméraire de porter la moindre atteinte. Les voilà maintenant ramenés à des notions rationnelles et positives, et la science qui a su dévoiler les mystères de leur succès saura aussi leur apporter le dernier perfectionnement dont ils sont susceptibles.

Sans sortir des voies du passé, elle nous indiquera une méthode plus simple, plus parfaite, qui sera la réalisation idéale du principe auquel la pratique agricole a toujours instinctivement cherché à se conformer, dont elle s'est incessamment rapprochée et que nous pouvons maintenant formuler en quelques mots :

Cultiver la terre et réaliser des bénéfices sans l'appauvrir des quatre agents qui en assurent la fécondité.

Dans tous les systèmes que je viens de décrire et même dans le cas de la betterave, le domaine perd toujours l'azote que la respiration animale dissipe à l'état élémentaire et les minéraux que contient le bétail exporté. Un système d'où ces pertes seraient bannies serait le couronnement de l'ancienne méthode. C'est le colza qui va nous le fournir :

Sa graine contient de l'huile, produit d'une grande valeur et, comme le sucre, exclusivement composé de charbon, d'hydrogène et d'oxygène. Concevez que, dans un domaine, on se livre à la culture exclusive du colza, et qu'à la ferme on annexe une huilerie. L'huile sera exportée et donnera des bénéfices en argent; tout le reste, fanes et tourteaux, pourra retourner au sol, sans même passer par l'intermédiaire du bétail. Pour cela, il faudra adjoindre à l'extraction de l'huile par pression une extraction complémentaire par dissolution. Les tourteaux sortant de la presse hydraulique retiennent encore 14 pour 100 d'huile et se vendent actuellement 15 fr. les 100 kilogr. L'huile seule qu'ils renferment possède cette valeur. La matière du tourteau est donc gratuitement perdue pour le domaine. Lorsqu'on en extrait l'huile par un dissolvant approprié, le sulfure de carbone, par exemple, dans des appareils clos, construits de manière qu'une petite quantité de ce liquide, mis en circulation, puisse épuiser des masses considérables, il reste des tourteaux secs et pulvérulents qui renferment tous les produits extraits du sol. On les introduit avec les fanes dans une fosse à fumier où on ajoute de l'eau. La putréfaction ne tarde pas à se produire et l'on obtient un excellent fumier qui restitue à la terre la totalité des éléments que la récolte lui avait enlevés et qui la fait bénéficier de tout l'azote que la plante avait emprunté à l'air[1].

Après avoir découvert par quelle série de compensations la pratique du passé était arrivée à se conformer aux lois supérieures de la production végétale, lois qu'elle ne connaissait pas, la science peut donc imaginer un système plus simple d'où sont exclus les animaux et les pertes qu'ils entraînent et qui, donnant des bénéfices importants tout en enrichissant le sol, se présente comme le dernier degré de perfection auquel il soit possible d'atteindre par les méthodes du passé.

Mais là ne s'arrête pas la fécondité des principes que je vous ai exposés. Il faut maintenant abolir les pratiques que nous venons d'expliquer et les remplacer par une agriculture plus simple, plus maîtresse d'elle-même et plus rémunératrice. Au lieu de nous efforcer par des précautions et des soins infinis de conserver la fertilité de notre sol, nous la reconstituerons de toutes pièces au moyen des quatre agents que je vous ai longuement fait connaître et que nous puiserons dans les grands magasins de la nature. Dès lors, plus de rotation nécsssaire, plus de bétail, plus de choix spécial dans les cultures. Nous produisons à volonté du sucre ou de l'huile, de la viande ou du pain, suivant qu'un plus grand intérêt nous y engage. Nous exportons sans aucune crainte la totalité du produit de nos champs, si nous y voyons quelque avantage. Nous cultivons indéfiniment la même plante sur le même sol, si nous trou-

[1] Voir note III à la fin de l'ouvrage.

vons un écoulement facile de ses produits. En un mot, la terre n'est plus pour nous qu'un milieu de production dans lequel nous transformons à notre gré les quatre agents de la formation des végétaux en telle ou telle denrée qu'il nous convient de produire. Nous ne sommes plus astreints qu'à une seule nécessité : maintenir à la disposition de nos cultures ces quatre éléments en proportion suffisante pour qu'elles en puissent toujours prendre les quantités que réclame leur organisation.

Voyons jusqu'à quel point cette condition se trouve remplie dans nos nouveaux procédés : pour cela, il nous suffira de comparer la composition des récoltes obtenues au champ de Vincennes à celle de l'engrais complet :

QUANTITÉS DES QUATRE AGENTS CONTENUES DANS LES RÉCOLTES ET DANS L'ENGRAIS COMPLET A L'HECTARE

		POIDS DES RÉCOLTES SÈCHES.	AZOTE.	ACIDE PHOSPHORIQUE.	POTASSE.	CHAUX.
1861	Froment de Mars.	6907k	82k 99	29k 95	45k 19	20k 25
	Betteraves.	10196	529 01	52 94	152 51	76 77
	Orge.	8021	125 74	57 75	81 89	49 76
	Pois.	5847	168 58	40 54	95 62	128 55
	Engrais complet.	»	174 00 A l'état de nitrate de soude ou de sel ammoniac.	200 00 A l'état de phosphate de chaux.	200 00 A l'état de carbonate de potasse.	200 00 A l'état de chaux caustique.

Vous le voyez, Messieurs, notre système nouveau satisfait, aussi bien que ceux du passé, à la loi d'équivalence ; seulement nous en tenons la balance à la main, et à mesure que l'un des plateaux tend à l'emporter, nous rétablissons l'équilibre en chargeant l'autre d'un poids égal.

Dans les systèmes du passé, où l'on maintenait cet équilibre comme à tâtons, il arrivait fréquemment que quelqu'un des éléments utiles faisait partiellement défaut ; aussi les récoltes étaient souvent chétives. Avec les nouveaux procédés, trouvant en abondance tout ce dont elles ont besoin, les plantes acquièrent toujours leur maximum de développement possible ; aussi les rendements sont-ils beaucoup plus abondants, comme on le voit par le tableau suivant :

Puissance de production des anciens procédés de culture comparée à celle des nouveaux

RÉCOLTES SÈCHES.	RENDEMENT A L'HECTARE					
	ANCIENS PROCÉDÉS.			NOUVEAUX PROCÉDÉS.		
Froment.	Paille	3750k	5404k	Paille	6941k	10691k
	Grains	1654		Grains	3750	
Pois.	Paille	2461	3459	Paille	4552	5847
	Grains	998		Grains	1295	
Betteraves.	Racines		5172	Racines		9141

Mais il ne suffit pas d'avoir indiqué le moyen de produire d'abondantes récoltes, il faut encore rechercher la marche à suivre pour les obtenir économiquement.

L'usage de l'engrais complet engendre partout la fertilité, mais il n'est pas partout et toujours nécessaire de recourir à un mélange aussi dispendieux.

Que l'on supprime l'un des agents qui le constituent, la matière azotée, par exemple, le rendement du froment subit aussitôt un abaissement considérable, mais celui des pois, des légumineuses n'en est nullement influencé. Supprimez, au contraire, la potasse, cette fois c'est la récolte des légumineuses qui reçoit une fâcheuse atteinte. Pour les turneps, les navets, les racines en général, ce sera la suppression du phosphate de chaux qui produira les plus mauvais effets. Ces résultats nous conduisent à admettre que parmi les quatre agents, pour chaque genre de récolte, il en est un qui exerce une influence plus particulière sur le rendement.

Nous formulerons donc la loi suivante qui sera la régulatrice de la nouvelle pratique agricole :

Bien que pour toutes les plantes la présence dans le sol des quatre agents de la fertilité soit indispensable, les exigences des cultures diverses ne sont pas les mêmes à l'égard des quantités de chacun de ces agents, ou, en d'autres termes, chaque culture a parmi eux sa dominante.

C'est ainsi que la matière azotée est la dominante pour le froment et pour les betteraves, la potasse pour les légumineuses, le phosphate de chaux pour les racines, etc., etc.

S'agit-il maintenant de mettre en culture une terre très-pauvre, nous commencerons par lui donner l'engrais complet afin de créer chez elle une provision suffisante des quatre agents de la fertilité. Nous prélèverons sur cette fumure une ou deux récoltes de céréales, puis nous continuerons la culture en donnant chaque année la dominante de la récolte que nous nous proposons d'obtenir. Si nous adoptons une rotation de quatre ans avec des cultures telles qu'à son terme la terre ait reçu les quatre agents, nous pourrons continuer indéfiniment ainsi, sans recourir jamais à l'engrais complet.

Sur une terre fertile, le même système est applicable; seulement on peut se dispenser de la première dose d'engrais complet et commencer immédiatement par la dominante de la première récolte à laquelle on désire se livrer.

Veut-on au contraire poursuivre indéfiniment la même culture, on se contentera en général de l'emploi de sa dominante, mais on aura le soin de revenir à l'usage de l'engrais complet, aussitôt qu'un léger abaissement dans le poids de la récolte en indiquera la nécessité.

Grâce à ces combinaisons très-simples, nous voici en possession d'une agriculture nouvelle, incomparablement plus puissante que sa devancière. Autrefois, en effet, la somme de matière mise par la nature à la disposition des êtres organisés, dont nous faisons partie, avait ses limites. Tout ce que pouvaient faire les systèmes en usage, était de la maintenir; mais aucun n'était parvenu à l'augmenter.

A l'égard des grands problèmes de la vie et de la population, la puissance de l'homme rencontrait une limite infranchissable. Les nouveaux procédés de culture auront pour effet de supprimer cette barrière. Sous leur influence des matières, aujourd'hui sans valeur, qui servent à peine de matériaux de construction et dont la nature possède des gisements inépuisables, se transformeront en produits végétaux, en fourrage pour nourrir les animaux qui nous alimentent, en céréales, pour produire le pain, la plus précieuse de nos ressources. De la sorte, le grand courant de matière organisée qui défraye toutes les existences se trouvera grossi de flots nouveaux et le niveau de la vie ira sans cesse en s'élevant à la surface du globe.

Mais, Messieurs, au-dessous de ces grandes conséquences qui se présentent à la pensée du philosophe, il en est d'autres plus immédiates, plus pratiques, si je puis m'exprimer ainsi, que le système que je m'efforce de faire prévaloir porte aussi dans ses flancs.

Depuis la révolution de 1789, le territoire de la France n'a cessé de se morceler. Ce fait a été l'objet de bien des déclarations, mais le mal n'en est pas moins resté sans remède.

D'après les renseignements officiels, la superficie de la France se partage actuellement ainsi qu'il suit :

NATURE DE LA PROPRIÉTÉ	ÉTENDUE MOYENNE	SURFACE OCCUPÉE	POPULATION CORRESPONDANTE
Grande propriété. . .	164h	17.528.000h	1.000.000
Moyenne propriété. . . .	35	7,700,000	1,100,000
Petite propriété.	14	6,720,000	2.400,000
Minime propriété. . . .	3 65	14.252.000	19.500,000
Totaux. . . .	» »	46,000,000	24,000,000

Sur les 46 milions d'hectares de terres cultivées, il y en a donc 14,252,000 possédés par des propriétaires dont le domaine n'a guère que trois hectares.

Quel système agricole peut suivre un homme qui ne possède que trois hectares pour tout bien et qui doit pourvoir à l'alimentation de sa famille? Comment et avec quoi se procurera-t-il des engrais? Il ne peut avoir ni prairie, ni bétail. Il cultive nécessairement mal, sa terre est fatalement condamnée à la stérilité et lui à la misère.

Réunir les agents de fertilité qui dorment dans les couches géologiques depuis le commencement du monde, les mettre à la disposition de la petite culture, ce serait donc ramener la fécondité sur les 20,000,000 d'hectares qui appartiennent à la petite et à la minime culture, et créer l'aisance chez 20 milions d'habitants sur les 24 milions qui s'adonnent à l'industrie agricole.

Or, je vous le demande, Messieurs, de combien ces aperçus ne sont-ils pas supérieurs aux plus beaux rêves de la charité et de la philanthropie? Ne seraient-ils encore qu'à l'état de conception scientifique, qu'ils devraient suffire à exciter notre zèle; mais aujourd'hui, l'expérience a rendu son verdict. Les cultures que vous avez sous les yeux établissent qu'avec une fumure valant, année moyenne, 120 fr., il est possible d'obtenir d'abondantes récoltes. Réduisez, si vous le voulez, à 10 hectolitres le produit excédant de l'hectare, qui s'est élevé, ici, au-dessus de 30, et appliquant cette donnée aux 20 millions d'hectares mal cultivés, voyez à quelles conséquences financières on est forcément conduit : d'abord, faire naître des transactions sur les matières fertilisantes pour un capital de 2 milliards; quelle impulsion donnée au commerce! Ensuite, obtenir 200 millions d'hectolitres de froment de plus que n'en produit en ce moment l'agriculture française, et par conséquent créer une valeur annuelle d'environ 4 milliards ; quelle garantie contre la disette !

Que faut-il pour qu'une pareille révolution s'accomplisse? Il faut que l'application des principes que je vous ai exposés se généralise. Il faut, en second lieu, que le commerce des agents de fertilité soit placé sous la protection d'institutions de crédit. Elles devront être conçues de telle sorte, que l'avance des fumures nécessaires puisse être faite à l'agriculteur pauvre, et qu'il n'ait à payer chaque année que des sommes prélevées sur l'excès de produit qu'il aura obtenu.

La solution de ce problème se rattache singulièrement à nos destinées politiques et sociales. Partout se manifeste l'avénement de la démocratie. Est-ce un bien? Est-ce un mal? Je ne me fais pas juge de la question ; mais il est bien certain qu'en ce moment la majeure partie des populations agricoles déserte les campagnes pour venir chercher dans les villes des conditions d'existence plus faciles.

Cette classe immense, qui ne cède pas aux entraînements des populations ouvrières des villes, représente à un haut degré le véritable esprit public. — Changer sa situation économique, la mettre en état de faire de la culture intensive malgré l'exiguïté de l'échelle sur laquelle elle opère, c'est la fixer au sol par ses propres intérêts. C'est par cela même constituer un vaste parti conservateur sans lequel une démocratie fondée sur le commerce ne peut qu'aboutir à une crise analogue à celle dont l'Amérique nous offre en ce moment le triste spectacle.

L'Angleterre a évité ce danger au prix d'une aristocratie éclairée et patriotique, mais dont l'existence consacre une inégalité dans les destinées des hommes que la conscience repousse et que condamnent les lois de l'humanité. Ni l'Angleterre, ni l'Amérique n'ont donc résolu le problème d'une démocratie puissante, équilibrée et sage. Pour moi, il me semble que notre beau pays est prédestiné pour donner ce grand exemple au reste du monde, et j'ai la ferme espérance que les principes que je vous ai exposés dans le cours de ces conférences serviront de point de départ à la réalisation de cet inestimable résultat.

A la suite de cette dernière conférence, qui a été vivement applaudie, M. G. Ville a montré à ses nombreux auditeurs une série d'échantillons provenant des cultures du champ d'expériences qu'il a organisé cette année au château de Belleau (près Donzère, Drôme). Les résultats obtenus dans ces nouveaux essais, institués sur une échelle plus étendue, viennent corroborer, en tous points, les données de Vincennes. Les idées émises dans le cours des conférences en reçoivent, conséquemment, une remarquable confirmation.

NOTES

NOTE I

Préparation et épandage des engrais chimiques.

Quelle que soit sa nature ou son origine, tout engrais destiné à une culture herbacée doit être répandu très-également sur le sol pour être mélangé avec ses couches superficielles. Mais si cette prescription est importante à l'égard des engrais ordinaires, elle devient d'une rigueur absolue lorsqu'il s'agit des engrais chimiques. Ceux-ci, en effet, sont tellement concentrés, que leur accumulation sur certains points, outre qu'elle en laisserait d'autres au dépourvu, pourrait devenir nuisible aux plantes. On ne saurait donc apporter trop de soins à leur épandage.

Toutes les substances dont on veut composer l'engrais seront préalablement réduites en poudre. D'ailleurs le commerce les livre le plus ordinairement en cet état. On procédera ensuite à leur mélange sur une aire dallée ou au moins battue en brassant la matière à la pelle jusqu'à ce qu'elle paraisse bien homogène. On ajoutera alors à la masse quatre ou cinq fois son poids de terre et l'on brassera de nouveau.

La terre qu'on emploie pour ce travail doit être dans l'état ordinaire, c'est-à-dire un peu humide, et cependant pas assez pour être boueuse. Elle doit se diviser avec facilité. Quand on le peut, il est toujours préférable de la passer à la claie avant de s'en servir.

6.

Lorsque le mélange de la terre et des agents chimiques est terminé, on le laisse en repos pendant au moins quatorze heures. On le répand ensuite à la surface du sol préalablement labouré. Un simple hersage suffit alors pour préparer le champ à recevoir la semence.

L'engrais complet se compose ainsi qu'il suit :

Doses pour un hectare.	Nitrate de soude. . .	500 k.,	soit 80 k. azote.
	Phosphate de chaux.	400	
	Potasse raffinée. . .	200	
	Chaux éteinte. . . .	200	
	Total. . . .	1300 k.	

La nitrate de soude se trouve dans le commerce en petits cristaux, que l'on peut piler au mortier ou écraser sous une meule de pierre, suivant les quantités que l'on doit employer.

Le phosphate de chaux, quelle que soit son origine, est toujours livré en poudre par les commerçants. Le meilleur est celui qui vient des fabriques de gélatine. A son défaut, on peut faire usage des noirs de raffinerie.

La potasse raffinée se reçoit en barils dans lesquels on la trouve en morceaux plus ou moins volumineux. Cette matière attire fortement l'humidité de l'air et ne tarderait pas à devenir liquide si on l'y laissait quelque temps exposée. Elle devra être rapidement écrasée au moment même de la mélanger avec les autres substances. Il n'est pas nécessaire qu'elle soit pulvérisée très-finement, car au contact de la terre humide elle devient liquide et se mélange ainsi très-facilement à la masse. On fera bien de ne défoncer les tonneaux, dans lesquels on reçoit la potasse, qu'au moment de s'en servir; et si l'on devait en conserver d'une saison à l'autre, il faudrait avoir soin de refermer très-hermétiquement les vaisseaux dans lesquels elle devrait séjourner.

Quant à la chaux éteinte, on se la procure en laissant la chaux vive exposée à l'air pendant quelques jours. Elle ne tarde pas à se déliter et à tomber en poudre. C'est dans cet état qu'il convient de l'employer.

Si ces diverses substances devaient être répandues isolément au lieu d'être mélangées ensemble, il suffirait de brasser la matière dont on voudrait enrichir le sol avec quatre ou cinq fois son poids de terre et de répandre le mélange à sa surface.

Dans le cas où la matière azotée doit être employée seule, on peut substituer au nitrate de soude le sulfate d'ammoniaque, à la dose de 400 kilogr., ou mieux le chlorhydrate d'ammoniaque à la dose de 300 kilogr., représentant toujours 80 kilogr. d'azote. On réalise ainsi une économie importante, l'azote coûtant moins cher dans les sels ammoniacaux que dans le nitrate de soude. Lorsque le mélange doit être complet, on ne peut songer à faire cette économie, car les sels ammoniacaux seraient en partie décomposés par la potasse et par la chaux, et les pertes d'azote, qui se produiraient ainsi, feraient disparaître l'avantage de leur prix moins élevé.

Quant à l'opération de l'épandage pour de petites surfaces, elle ne peut guère être pratiquée qu'à la main. On jette la matière à la volée, comme s'il s'agissait de la semence. On peut aussi déposer des brouettées de distance en distance et les étendre ensuite à la pelle et au râteau, ou enfin, s'il s'agit d'étendues considérables, on peut faire usage de machines appropriées. Dans tous les cas, il faut veiller avec le plus grand soin à ce que le sol reçoive partout une couche égale de la matière fertilisante.

NOTE II

Les engrais anciens comparés aux nouveaux. — Difficultés de l'analyse des engrais commerciaux. — Insuffisance des mesures prises jusqu'ici pour moraliser le commerce des engrais. — Garanties offertes par les engrais chimiques. — Économie de leur application pratique.

Depuis que l'introduction du guano dans la pratique agricole a établi la possibilité d'obtenir des récoltes sans fumier; de nombreux engrais dits commerciaux ont été successivement proposés et employés. On s'est adressé, pour se procurer des matières fertilisantes, à tous les résidus de l'industrie humaine. Ce mouvement a été le plus grand progrès agricole de notre époque, puisqu'il a eu pour résultat de retarder l'épuisement du sol en y faisant retourner une partie des éléments que les récoltes en avaient extraits. Mais à côté de ces avantages se sont produits de graves inconvénients. Le commerce des matières fertilisantes, étant devenu lucratif, n'a pas tardé à perdre sa moralité. La falsification a eu d'autant moins de peine à s'y glisser, qu'il est difficile et même le plus ordinairement impossible de juger au simple coup d'œil de la qualité de ces mélanges pour la plupart extrêmement complexes. Alors s'est élevé, dans toute sa difficulté, le problème de l'analyse des engrais.

Presque dès le début, on se mit à les apprécier en déterminant leur richesse en azote; mais la pratique ne tarda pas à reconnaître qu'ici, comme dans l'analyse des terres, les renseignements fournis par la chimie n'avaient qu'une valeur fort limitée. On trouvait, en effet, certains engrais, très-riches en azote, dont l'action fertilisante paraissait à peu près nulle, tandis que d'autres, beaucoup moins chargés de ce principe, favorisaient au contraire, à un très-haut degré le développement des végétaux.

Ce mode d'appréciation péchait par la base : d'abord il ne tenait aucun compte des éléments étrangers à l'azote et dont la présence n'offre pas moins d'importance ; ensuite, en ce qui concerne l'azote lui-même, il était essentiellement défectueux, car il ne tenait compte que de la quantité et nullement de l'état plus ou moins assimilable sous lequel se trouvait cet élément. Or, l'azote peut exister en abondance, et cependant ne produire aucun effet sur la végétation. Cela arrive toutes les fois qu'il est engagé dans des combinaisons insolubles [1]. En général, les matières azotées, d'origine animale ou végétale, se décomposent assez rapidement dans le sol et y produisent des sels ammoniacaux ou des nitrates essentiellement assimilables. Mais il en est certaines, les rognures de cuir par exemple, dont la décomposition dans le sol est extrêmement lente et qui ne produisent, par conséquent, que des effets à peine appréciables. Ici donc le simple dosage de l'azote pouvait faire croire à une activité immédiate, lorsqu'elle ne devait se manifester qu'en une période de temps extrêmement longue ou même pouvait être complétement nulle.

D'un autre côté, le mode de dosage que l'on avait adopté (par la chaux sodée, procédé Will et Warrentrapp) ne faisait connaître que l'azote contenu dans les sels ammoniacaux ou engagé dans les matières albuminoïdes. Mais si la matière contenait des nitrates, ils passaient complétement inaperçus, de telle sorte qu'un produit dans lequel l'analyse n'accusait pas d'azote pouvait néanmoins en contenir des quantités importantes sous forme de nitrates et jouir de propriétés fertilisantes énergiques, alors que l'analyse le déclarait sans valeur.

Pour qu'une analyse d'engrais, au point de vue de l'azote, pût fournir des données de quelque utilité pratique, il faudrait donc qu'elle en distinguât deux sortes :

1° Celui qui existe à l'état de combinaisons solubles, nitrates ou sels ammoniacaux ;

[1] Voir la discussion, sur ce point, entre M. G. Ville et M. Boussingault, *Comptes rendus de l'Académie des sciences*, t. XLVIII, p. 589, et *Ami des Sciences* des 3 avril, 17 avril, 1er mai, 26 juin et 3 juillet 1859.

2° Celui qui se trouve à l'état de matière organique indécomposée.

Jusque-là, rien d'impossible. A l'aide d'un procédé très-ingénieux et très-exact, introduit dans la science par M. G. Ville, on peut doser les nitrates, quelle que soit la complexité du mélange dont ils font partie. Au moyen du procédé indiqué par M. Bineau et modifié par M. Boussingault, on peut déterminer l'ammoniaque, et enfin par la chaux sodée on peut obtenir avec exactitude la somme de l'azote ammoniacal et de l'azote engagé dans des combinaisons organiques indécomposées. La différence des deux derniers résultats fait connaître l'azote organique.

Mais voilà déjà que la seule détermination de l'azote, pour avoir quelque signification, exige trois opérations distinctes, dont aucune ne présente, il est vrai, de grandes difficultés, mais dont l'ensemble constitue un travail considérable, même pour un chimiste exercé. Et encore lorsque cette laborieuse recherche est terminée, ne sommes-nous nullement fixés sur la rapidité avec laquelle se décomposera la matière azotée et par conséquent sur le temps que durera son influence.

Ce n'est pas tout encore. L'azote, nous l'avons dit, n'est pas le seul élément utile des engrais. Depuis quelques années déjà on fait entrer en ligne de compte, dans l'appréciation de leur valeur, la détermination des phosphates qu'ils renferment. C'est là un progrès fort important et que rendaient indispensable d'un côté les travaux des physiologistes et notamment de M. G. Ville sur l'assimilation des phosphates, et de l'autre le succès pratique de certains engrais presque exclusivement composés de phosphate de chaux. Mais ici la chimie agricole est tombée dans de nouveaux embarras. La recherche de l'acide phosphorique en présence du fer et de l'alumine, qui se rencontrent dans la plupart des engrais, était une des opérations les plus délicates de la chimie analytique, et même dans des mains exercées ne donnait pas toujours des résultats concordants.

Les analystes se sont mis à l'œuvre, plusieurs nouveaux procédés ont été découverts, et grâce à l'un de ces derniers venus, celui de M. Sonnenschein (par le molybdate d'ammoniaque), il est possible aujourd'hui de déterminer l'acide phosphorique en une seule opération, quelle que soit la complexité du mélange dans lequel il se trouve engagé. Mais cette opération dure deux jours et ne peut être pratiquée qu'après incinération, ce qui la prolonge encore. Lorsqu'elle est terminée, on connaît exactement l'acide phosphorique contenu dans la matière, et rien n'est plus facile que d'en déduire, par le calcul, la quantité de phosphate de chaux correspondante; mais on ne possède encore aucune notion sur son état soluble ou insoluble, assimilable ou inerte. Or cette solubilité dépendant en grande partie des agents que l'engrais rencontrera dans le sol, aucun moyen chimique n'est susceptible de nous la faire connaître *à priori*.

L'analyse d'un engrais, au point de vue de l'acide phosphorique (ou des phosphates, ce qui est la même chose), repose donc encore sur une série d'opérations délicates et longues dont le résultat, comme pour l'azote, reste encore nécessairement incomplet.

Que sera-ce donc lorsqu'il s'agira de la potasse? Il n'est plus permis aujourd'hui de négliger cet élément. Depuis que M. G. Ville a démontré que la potasse était indispensable à la production du froment et que la soude même ne pouvait en aucune façon la remplacer, il n'est plus possible dans l'analyse des engrais de se contenter, comme on l'avait fait jusqu'ici, de grouper, sous le chef de sels alcalins, la partie des cendres qui se dissout dans l'eau. Il faut aller plus loin, il faut séparer la potasse de la soude et même faire connaître l'acide auquel la potasse est combinée, car il n'est nullement indifférent qu'elle existe à l'état de chlorure, de sulfate ou de carbonate. Or une recherche de ce genre exige beaucoup de temps et ne peut être menée à bonne fin que par un analyste des plus exercés.

Enfin la recherche de la chaux et de la magnésie a aussi son importance.

L'analyse d'un engrais complexe, pour avoir toute la valeur que la science est aujourd'hui en droit d'en exiger, doit donc, en définitive, se composer des opérations suivantes :

SUR L'ENGRAIS MÊME :

1° Détermination de l'eau et de la partie sèche;

2° Détermination de l'azote { *a*. Ammoniacal, *b*. Nitrique, *c*. Organique;

3° Préparation et dosage des cendres.

SUR LES CENDRES :

1° Détermination de l'acide phosphorique;

2° Détermination de la potasse { Chlorure, Sulfate, Carbonate;

3° Détermination de la chaux et de la magnésie.

C'est là un travail long et difficile qui laisse encore beaucoup à désirer, nous l'avons dit, sous le rapport de la théorie. Examinons quelle peut être son utilité pratique.

Muni d'une semblable analyse, l'agriculteur pourra-t-il avec quelque certitude compter sur l'effet qu'il désire produire? Saura-t-il quelle est pour lui la valeur réelle de l'engrais qu'il achète, c'est-à-dire quelle plus-value son emploi est susceptible de donner à sa récolte?

Pour qu'il en fût ainsi, il faudrait qu'il connût exactement la composition de sa terre, la dose précise de chacun des éléments de fertilité qu'elle renferme à l'état assimilable. Alors seulement il pourrait prévoir l'effet de l'engrais, puisqu'il saurait s'il contient tout ou partie des éléments qui font défaut et si tous ceux qu'il apporte sont utiles.

Mais, on l'a vu dans la quatrième conférence, la connaissance du sol présente des difficultés que la chimie a été jusqu'ici impuissante à résoudre, et pour acquérir sur ce point des données de quelque valeur, il faut recourir à la végétation elle-même, c'est-à-dire à l'expérience. Tout ce que peut faire la science est d'indiquer, comme l'a fait M. G. Ville, la forme sous laquelle cette expérience doit être exécutée pour conduire rapidement et sûrement à la solution cherchée. Mais cette analyse du sol par la végétation fait elle-même partie des nouveaux procédés de culture et, par conséquent, n'a encore pu fournir des renseignements qu'aux agriculteurs, trop peu nombreux, qui en ont entrepris l'application dès 1863, époque à laquelle M. G. Ville en fit la première exposition publique à ses conférences de Vincennes. Nous sommes donc fondés à dire que, d'une manière générale, sinon absolue, la composition la terre, dans ce qu'elle renferme d'aliments pour les plantes est complétement inconnue à celui qui la cultive. Ce ne peut être qu'à l'aide de tâtonnements longs et dispendieux qu'il parvient à se rendre compte de l'utilité de tel engrais donné. Encore n'est-il pas rare qu'après d'excellents résultats obtenus pendant quelques années tout effet cesse de se produire, et malgré l'emploi de doses énormes la terre persiste dans une désespérante stérilité.

Les engrais commerciaux sont tous des mélanges plus ou moins complexes de matériaux d'origine végétale ou animale, renfermant un, deux ou trois éléments de la production végétale, mais bien rarement leur ensemble. Nous pouvons donc les considérer, dans la grande majorité des cas, comme des engrais incomplets.

Le guano, par exemple, contient à la fois l'azote et le phosphate de chaux, mais il manque de potasse et de chaux; les nodules, dont on fait grand usage depuis quelque temps, contiennent des phosphates et de la chaux, mais sont dépourvus d'azote et de potasse; les os en nature apportent au sol de l'azote, des phosphates et un peu de chaux, mais pas de potasse; le noir de raffinerie manque également de potasse; les charrées au contraire renferment de la potasse et de la chaux, de petites quantités de phosphates, mais sont dépourvues d'azote; etc., etc.

Tout le succès d'un engrais de cet ordre dépend évidemment de deux conditions :

1° *De la présence dans le sol de l'élément qui lui manque*, car alors le sol le complète.

2° *De l'absence dans le sol de l'un ou de plusieurs des éléments qu'il apporte*, sans quoi la terre serait tout aussi fertile par elle seule que par son addition.

Ne soyons donc plus surpris lorsque nous voyons un engrais produire sur une terre d'excellentes récoltes et sur une autre ne donner que des résultats douteux ou nuls.

La connaissance de la composition des engrais ne peut, en aucune façon, renseigner l'agriculteur sur l'effet qu'il doit en attendre, et par conséquent est impuissante à le fixer sur la valeur réelle qu'ils peuvent avoir pour lui.

L'analyse des engrais à laquelle les chimistes ont donné tant de soins depuis quelques années serait-elle donc complétement stérile? Nous sommes loin de le prétendre.

En dehors de leur valeur relative à une terre déterminée, les engrais commerciaux possèdent une valeur intrinsèque et générale reposant sur leur richesse en agents réels de fertilité. Bien qu'ils puissent être sans action immédiate sur les récoltes, ils n'en apportent pas moins dans le sol certains principes dont l'utilité se manifestera dans un temps plus ou moins long, ou lorsque des additions de matières différentes viendront rendre leur assimilation possible. Que l'on donne, par exemple, du guano à une terre privée de potasse, il sera sans action, nous l'avons dit. Mais que devant cet insuccès l'agriculteur, renonçant au guano, donne à sa terre un autre engrais fortement potassé, des charrées, si l'on veut, et alors le phosphate de chaux et l'azote emmagasinés dans le sol par l'emploi du guano, complétés par la potasse et par la chaux du nouvel engrais, deviendront assimilables et contribueront largement à la production des récoltes.

Les éléments de fertilité représentent donc une valeur réelle. Leur efficacité immédiate dépend de l'opportunité de leur emploi; mais, dans tous les cas, ils apportent une richesse dans le sol.

L'analyse des engrais déchue de ses prétentions exagérées conserve donc toujours une certaine utilité. Elle apprend à l'agriculteur si le mélange qu'on lui propose renferme des agents de fertilité et à quel prix ils lui reviendront en les prenant sous cette forme. Reste à lui à se renseigner d'ailleurs sur l'usage qu'il en doit faire.

Réduite à ce rôle plus modeste, l'analyse des engrais pourrait encore rendre à l'agriculture d'éminents services si elle était complète, exacte et authentique. Malheureusement ici encore les usages se sont considérablement éloignés de la logique du point de départ. Outre que les analyses faites jusqu'ici n'ont jamais été complètes, ont été souvent inexactes, j'ajouterai qu'elles sont bien rarement authentiques.

La dépense qu'entraîne l'analyse d'un engrais étant assez considérable, l'agriculteur recule, dans la grande généralité des cas, devant ce moyen de contrôle exprimé en hiéroglyphes qu'il ne comprend que très-médiocrement. Le plus ordinairement l'acheteur s'en rapporte à l'analyse fournie par le vendeur en qui il a mis sa confiance: or cette confiance, on en a de trop nombreux exemples, se trouve fréquemment fort mal placée. Quelques maisons recommandables, dans l'intérêt bien entendu de leur réputation commerciale, autant que par une scrupuleuse honnêteté, se sont fait de l'analyse exacte de leurs engrais un rempart contre les insuccès dus à l'inexpérience de certains acheteurs. Pour d'autres, malheureusement en bien plus grand nombre, l'analyse, rédigée à plaisir, n'est qu'une fausse étiquette sous laquelle on parvient à faire accepter au public des matières qui n'ont aucune valeur. Aussi la falsification marche-t-elle d'un pas ferme et assuré, malgré les laboratoires d'analyses, malgré les règlements administratifs, malgré même les condamnations nombreuses dont elle est si fréquemment l'objet.

La situation est-elle donc désespérée? Faudra-t-il renoncer à l'usage des engrais commerciaux ou se décider à subir des fraudes que l'on est impuissant à réprimer? Mais alors où s'arrêteront-elles?

En attendant que de nouvelles institutions aient résolu cette haute question à la fois économique, politique et judiciaire, qu'il nous soit permis de voir dans les procédés de culture, exposés dans les conférences, au moins un palliatif, sinon un remède à cette maladie commerciale de la falsification des engrais.

La donnée nouvelle, l'idée féconde qui ressort de tout ce qui est dit dans les conférences, qui explique tous les mécomptes du passé et assure l'avenir de l'agriculture, peut être exprimée par la proposition suivante :

La condition de toute fertilité est la présence dans le sol d'un certain ensemble d'éléments en quantités et en proportions convenables.

L'engrais par excellence devient alors ce qui manque à la terre pour réaliser cette condition et il est nécessairement variable comme la composition même des terres dont il est destiné à fournir le complément. Dès lors tout le problème de la fertilisation se limite à chercher ce qui manque dans le sol, c'est la végétation elle-même qui nous l'apprendra (quatrième conférence), et à composer de toutes pièces l'engrais qui doit le compléter.

Avec ce système, plus de difficultés pour le commerce des engrais. L'agriculteur connait toujours la composition de son mélange fertilisant, puisqu'il le prépare lui-même. Tout se réduit à former à la ferme une provision de quatre substances, dont la valeur commerciale est parfaitement définie, dont le titre est facile à vérifier. Si l'on conçoit quelque doute sur la pureté d'un phosphate, d'une potasse, d'un nitrate de soude ou d'un sel ammoniacal, rien n'est plus facile que de se renseigner même avant de conclure le marché. Il suffira, en effet, d'en expédier un échantillon de 20 ou 30 gram. à un chimiste qui pourra renvoyer le titre dans un très-bref délai, car il ne s'agit plus ici d'une analyse longue et compliquée comme celle d'un engrais complexe, mais d'un simple essai de commerce, que l'on peut faire rapidement et à des prix très-modérés.

Nous ne saurions trop engager les agriculteurs, désireux d'entrer dans la voie tracée par les conférences, à faire faire ces essais toutes les fois qu'il feront un achat de quelque importance, surtout lorsque les matières achetées devront servir à des expériences, car les phosphates, aujourd'hui répandus dans le commerce, offrent des titres très-variables, les potasses contiennent fréquemment de la soude et les nitrates de soude sont souvent mélangés de sel marin. Ces produits étrangers ne s'opposent nullement à l'emploi agricole, mais ils abaissent la valeur de la marchandise et obligent l'agriculteur à en employer de plus fortes quantités pour obtenir le même effet. Si, par exemple, au lieu du phosphate des os qu'emploie M. G. Ville, on fait usage du phosphate des nodules qui est beaucoup moins riche et plus difficilement soluble, il faudra en augmenter assez fortement la dose; si au lieu de potasse raffinée qui ne contient guère que 2 à 3 pour 100 de soude, on achète de la potasse brute, qui en renferme jusqu'à 50 pour 100, il faudra en employer une quantité double, etc., etc.

Mais avec ce système que deviennent les engrais actuellement en usage? Faut-il renoncer à leur emploi? Assurément non. Ils doivent être considérés comme des sources des divers agents de la production végétale, et pourront être employés toutes les fois que leur composition concordera avec les besoins de la culture, dût-on même les compléter, ou modifier les proportions de leurs constituants, par une addition des principes qui y font défaut ou ne s'y trouvent qu'en trop faible quantité.

Toutefois nous ne conseillerons de donner la préférence aux engrais complexes sur les engrais chimiques qu'à une condition : c'est que leur richesse en agents de fertilité soit parfaitement connue, et que leur prix soit tel que ces agents n'y reviennent pas plus cher que si on les prenait à l'état isolé.

Pour faire bien comprendre la portée de cette observation, comparons le prix des éléments de la production végétale dans les engrais commerciaux les plus connus et dans le mélange artificiel que M. G. Ville propose de leur substituer.

MÉLANGE DE M. G. VILLE, DIT ENGRAIS COMPLET.

DOSES POUR UN HECTARE.

	Quantités.	Valeur [1].
Nitrate de soude.	500 k.	200 fr.
Phosphate de chaux. . .	400	80
Potasse raffinée.	200	190
Chaux éteinte.	200	2
TOTAL. . . .	1300 k.	472 fr.

[1] Ces valeurs sont établies sur les prix actuels de ces diverses sub-

Le mélange revient donc à 36 fr. 50 les 100 kilogr., et à 472 fr. pour un hectare. Beaucoup d'agriculteurs s'effrayent d'une pareille dépense et s'imaginent que les systèmes de culture qu'ils suivent actuellement n'exigent pas des frais aussi considérables. C'est là une erreur qui doit être attribuée au peu de précision qui règne dans les travaux de l'agriculture. Il n'existe encore que bien peu de fermes dans lesquelles on ait organisé une comptabilité scrupuleuse. Aussi, que de difficultés lorsqu'il s'agit de déterminer le prix de revient d'une denrée agricole quelconque! Il arrive fréquemment à l'agriculteur de vendre ses récoltes à perte, faute de savoir ce qu'elles lui coûtent; comment alors pourrait-il nous renseigner sur ses frais de culture?

Ce que nous pouvons affirmer sans crainte d'erreur, c'est que, pas plus que nous, l'agriculteur n'obtient des récoltes sans azote, sans phosphate, sans potasse et sans chaux, et que de deux choses l'une : ou sa terre est abondamment pourvue de ces divers éléments, et alors les récoltes qu'il peut obtenir avec de mauvais engrais, ou même sans leur secours, sont un appauvrissement pour l'avenir; ou ces agents n'existent pas en quantités suffisantes dans le sol qu'il cultive, et alors les récoltes ne peuvent être obtenues qu'à l'aide d'un apport quelconque dont les frais, eu égard aux produits obtenus, égalent au moins les dépenses nécessitées par le système que nous préconisons.

En voici la preuve :

Guano du Pérou.

Cet engrais se vend à raison de 33 fr. les 100 kilogr. On en emploie habituellement 600 kilogr. à l'hectare, soit une fumure de 198 fr. Mais le guano n'est point un engrais complet; il n'est utile que par l'azote et le phosphate de chaux qu'il renferme : voyons donc à quel prix reviennent ces deux corps.

D'après la composition indiquée par MM. Thomas, Lachambre et Cie dans leurs annonces, le guano contient :

Azote.	12 à 15 pour 100.
Phosphates.	22 à 30 pour 100,

stances achetées en gros. On ne doit les accepter que comme une approximation, parce que ces prix sont nécessairement variables suivant les quantités demandées et suivant la situation du marché.

Soit en moyenne :

Azote.	13,50 pour 100.
Phosphates.	26,00 pour 100.

Si nous comptons à 0 fr. 20 le kilogr. de phosphate, prix auquel il nous est facile de nous le procurer dans les fabriques de gélatine, nous trouvons que les 26 kilogr, de phosphate valent 5 fr. 20. Reste pour les 13 kilogr. 500 d'azote 27 fr. 80, soit 2 fr. 06 le kilogr.

Dans le nitrate de soude l'azote revient à 2 fr. 35, c'est-à-dire un peu plus cher, mais la totalité est assimilable, tandis que dans le guano une certaine quantité de l'azote engagé dans les combinaisons organiques se sépare pendant leur décomposition à l'état élémentaire et se dégage sans profiter à la plante. Il y a plus : pour compléter le guano il faut lui ajouter de la potasse, et une partie de son azote s'y trouvant engagée dans des sels ammoniacaux que la potasse changera en carbonate d'ammoniaque, le sol qui aura reçu le mélange éprouvera une déperdition constante de ce sel, dont la volatilité est très-manifeste.

Des pertes de ce genre nous ont été révélées par les analyses, faites par M. Boussingault, de neige recueillie sur une dalle ou ayant séjourné sur la terre d'un jardin (2me conférence).

Dans le nitrate de soude, au contraire, l'azote est d'une fixité absolue. Admettant donc que ces deux inconvénients du guano se trouvent exactement balancés par la légère différence de prix, nous pouvons poser en fait qu'à *effet égal* l'engrais proposé par M. G. Ville ne coûte pas plus cher que le guano du Pérou.

Si d'ailleurs on ne redoute pas la déperdition de l'azote à l'état de carbonate d'ammoniaque, par exemple dans le cas où la matiere azotée est employée seule, ou lorsque le sol est assez chargé d'argile et d'humus pour que l'ammoniaque puisse être retenue, on peut substituer au nitrate de soude le sulfate d'ammoniaque, dans lequel l'azote revient au maximum à 2 fr. le kilogr., c'est-à-dire moins cher que dans le guano. De cette façon on évite au moins la perte qui peut résulter de la décomposition des matières organiques azotées.

Il est donc bien établi que sous le rapport de l'azote les engrais chimiques sont au moins aussi économiques que le guano. J'ajouterai qu'ils sont moins exposés aux falsifications et que leur titre étant beaucoup plus facile à vérifier, ils offrent à l'agriculture des garanties que l'usage des engrais commerciaux lui apprendra de plus en plus à prendre en très-sérieuse considération.

Engrais Kraft.

1re qualité (ce que nous dirons de cette qualité peut s'appliquer à toutes les autres).

Richesse en azote.	8 à 10	pour 100.
— phosphates. . .	12 à 15	—
— potasse brute. .	4	—

Prix : 24 francs les 100 kil.

Tels sont du moins les chiffres annoncés.

Admettons que la potasse dite brute soit du carbonate de potasse, dont la valeur est de 0 fr. 95 le kilogr., soit pour les 4 kilogr. 3 fr. 60 ; prenons la moyenne des phosphates, 13 kilogr. 50 à 0 fr. 20, soit 2 fr. 70. Total des phosphates et de la potasse 6 fr. 30. Reste pour 9 kilogr. d'azote, quantité moyenne, 17 fr. 70, soit 1 fr. 95 le kilogr.

Dans cet engrais l'azote revient un peu moins cher que dans les engrais chimiques, les autres substances étant supposées au même prix. Mais nous ferons remarquer que cet avantage se trouve largement compensé par les inconvénients que nous avons reprochés au guano et qui se retrouvent ici notablement augmentés.

Tandis, en effet, qu'une faible partie seulement de l'azote du guano se trouve engagée dans des composés organiques, ici, l'engrais provenant de la chair des chevaux abattus à Aubervilliers, c'est la presque totalité de l'azote qui s'y trouve sous cette forme ; et comme les matières organiques en se décomposant perdent un tiers environ de leur azote à l'état gazeux, on peut affirmer que sur les 9 kilogr. d'azote contenus dans 100 kilogr. d'engrais Krafft, 7 kilogr., tout au plus, pourront profiter à la récolte, ce qui élève le prix du kilogr. d'azote utile à 2 fr. 50, c'est-à-dire plus cher que dans le nitrate de soude. Si donc l'engrais Krafft se recommande par la présence de la potasse, il compense cet avantage par un prix plus élevé de ses éléments utiles.

Guano naturel des iles Swan.

Ce produit nouveau est annoncé par M. Édouard Derrien comme contenant 64 pour 100 de phosphate très-soluble, et au prix de 16 fr. les 100 kilogr ; ce qui met le kilogr. de phosphate au prix de 0 fr. 25, tandis que celui des fabriques de gélatine se vend au maximum 0 fr. 20. Ajoutez à cela que pour avoir 64 kilogr. de matière utile il faut transporter 100 kilogr. Ces inconvénients seront-ils compensés par la plus grande solubilité du phosphate? C'est ce que l'expérience seule peut nous apprendre. Mais en attendant qu'elle ait prononcé, constatons que dans le guano des îles Swan, comme dans l'engrais Krafft, comme dans le guano du Pérou lui-même, les éléments utiles coûtent plus cher que dans les engrais chimiques composés de toutes pièces.

Il serait inutile de pousser plus loin cette revue des engrais commerciaux; les trois exemples que nous venons de donner indiquent suffisamment notre méthode d'appréciation, pour que tout agriculteur désireux de se rendre compte de l'utilité de ses dépenses d'engrais puisse en faire l'application aux matières diverses qui lui sont journellement proposées.

Terminons donc par l'examen, au même point de vue de l'engrais, classique par excellence, du fumier de ferme.

Dans 1000 kilogr. de fumier normal, contenant 60 pour 100 d'eau, et d'après la composition de la partie sèche que nous avons donnée dans la sixième conférence, il y a:

Azote.	4 kil. 16
Acide phosphorique.	1 — 76
Potasse	4 — 92
Chaux	10 — 46

Correspondant à

Azote	4 kil. 16	à 2 fr.	»	le kil.	= 8 fr.	32
Phosphate de chaux. . . .	3	81	à 0	25	—	= 0	76
Carbonate de potasse. .	7	24	à 0	95	—	= 6	87
Chaux.	10	46	à 0	01	—	= 0	10
Total. . .	25 kil. 67					16 fr. 05

1000 kilog. de fumier de ferme contiennent donc, en le supposant parfaitement préparé, 25 kilogr. 670 de matière utile valant 16 fr. 05, en les cotant à leur prix commercial. Or pour répandre ces 25 kilogr. de matières, il faut manier et transporter 1000 kilogr. de fumier, c'est-à-dire un poids près de 40 fois trop fort.

Le fumier se vend de 8 à 15 fr. les 1000 kilogr. suivant les contrées. On voit qu'en le supposant même au plus bas prix possible, pour peu qu'il ait à subir quelque transport il revient à un prix plus élevé que les engrais chimiques.

Concluons que le fumier de ferme, qui est un excellent engrais lorsqu'il est consommé sur place, devient beaucoup trop cher dès qu'il doit être transporté à des distances de quelque importance. Continuons donc à faire du fumier et à l'employer avec profusion s'il est possible; mais comme il sera toujours incapable d'élever le niveau de la production, puisqu'il ne ramène à la terre qu'une partie de ce qu'elle a perdu par la culture, suppléons à son défaut par l'usage des engrais chimiques qui représentent, comme on vient de le voir, tout ce qu'il peut y avoir de plus économique, de plus actif et de plus maniable en fait de matières fertilisantes.

Que l'on ne s'effraye pas d'ailleurs de ce chiffre de 472 fr., prix de l'engrais complet pour un hectare. Cet engrais peut fournir quatre bonnes récoltes successives, dont deux au moins de froment. Chaque récolte ne coûte donc en somme que 118 fr. En général même il n'est pas nécessaire de se livrer de prime abord à une pareille dépense. Il est rare que le sol ne jouisse d'aucune fertilité et les doses peuvent alors être réduites en conséquence. L'avance peut d'ailleurs être échelonnée en plusieurs années en adoptant, comme cela est indiqué dans la sixième conférence, une rotation de quatre ans, dont chaque culture ait pour dominante l'un des quatre constituants de l'engrais complet. Enfin l'agriculteur pourra toujours limiter ses dépenses au strict nécessaire, s'il a soin d'instituer un champ d'expériences sur le modèle que nous indiquons dans la quatrième conférence. Ce champ, *analyseur du sol*, cultivé avec une année d'avance sur les grandes cultures, fera toujours connaître en temps opportun le principe qui manque à la terre par rapport aux exigences de la récolte que l'on désire lui faire produire. On pourra conséquemment se borner à la dépense nécessaire pour la pourvoir du seul élément qui fera défaut.

Terminons donc par cette conclusion, que si les nouveaux procédés de culture proposés par notre savant maître, M. G. Ville, représentent tout ce que la science peut formuler de plus avancé pour la direction de la pratique agricole, que s'ils réalisent le système de culture le plus productif, comme l'établissent les conférences, tout ce que nous venons de dire dans cette note nous semble démontrer qu'ils sont aussi la solution la plus économique que puisse recevoir, dans l'état actuel de nos connaissances, le grand problème de la production des végétaux.

NOTE III

Des cultures industrielles. — Systèmes de cultures qui permettent de cultiver indéfiniment une même plante sans apport d'engrais et sans diminution de la fertilité.

Ces systèmes de culture, indiqués par M. G. Ville[1] dans sa sixième conférence, comme la plus haute conception à laquelle puisse conduire la pensée qui a dominé l'agriculture, sont trop remarquables pour que nous ne consacrions pas quelques pages à en faire bien saisir l'importance. Après ce qu'on a lu dans la sixième conférence de la culture du colza, on est parfaitement fixé sur

[1] Pour ne laisser, dans l'esprit du lecteur, aucun doute sur la réalité de l'invention de ces systèmes par M. G. Ville, nous citerons textuellement la dernière partie du brevet pris par le savant professeur à la date du 10 novembre 1860; on y trouvera l'indication précise du but qu'il se proposait dès cette époque.

« POURQUOI JE PRENDS DES BREVETS.

« Par mon brevet sur la production en grand du chloroforme, et par mon brevet d'aujourd'hui sur l'extraction des huiles, j'ai l'ambition de créer un ordre de cultures nouveau, les cultures industrielles se suffisant à elles-mêmes, entretenant la terre dans un état croissant de fertilité, sans autre engrais que le résidu de la fabrication dont la récolte est la matière première.

« Je m'explique plus clairement : A l'aide de l'emploi du chloroforme appliqué à l'extraction des corps gras, je veux donner aux agriculteurs le moyen d'extraire l'huile de leurs graines oléagineuses plus complétement et plus économiquement que ne le fait actuellement l'industrie. A l'avenir, l'agriculteur exportera de l'huile, et non des graines ou fruits oléagineux. Après l'extraction de l'huile, les tourteaux et les pailles lui serviront à rendre au sol les agents de prol'esprit de ces systèmes dont les conditions fondamentales peuvent être ainsi formulées.

1° *N'exporter du domaine que des matières exclusivement composées de carbone, d'hydrogène et d'oxygène, c'est-à-dire produites aux seuls dépens de l'air et de l'eau.*

2° *Faire incessamment retourner au sol la totalité de l'azote et des sels minéraux contenus dans les récoltes.*

duction qu'il avait perdus. La totalité des agents utiles retournera à la terre, il ne sera exporté qu'un produit sans influence sur la végétation : l'huile ne possède, en effet, aucune propriété fertilisante. Grâce à ce système, la culture du colza et du pavot, qui sont des cultures de grand rapport mais qui épuisent beaucoup la terre, deviendront, comme la betterave, des cultures améliorantes. Dans le cas des plantes oléagineuses, l'amélioration du sol sera bien plus complète que dans le cas de la betterave.

« Avec la betterave, le sol ne reçoit qu'une partie de l'azote de la récolte, celle que les déjections des animaux retiennent; l'azote que les animaux s'assimilent, celui que leur respiration déverse dans l'atmosphère sont perdus pour le sol de l'exploitation. Soit qu'on travaille la betterave pour en extraire le sucre ou pour le transformer en alcool, la plus grande partie de la potasse contenue dans la récolte est encore perdue pour le sol. Dans le cas des plantes oléagineuses, aucune de ces pertes ne se produit; le tourteau, délayé dans l'eau, contient la presque totalité de l'azote, des phosphates, de la potasse et de la chaux prélevée sur le sol par la récolte. Cet engrais contient les éléments d'une nouvelle récolte sous la forme la plus favorable à l'assimilation par les végétaux; on n'a pas besoin de recourir à la digestion animale pour préparer l'engrais : la facilité avec laquelle les tourteaux, délayés dans l'eau, se décomposent, rend cet organe intermédiaire, dont l'emploi est si onéreux, absolument inutile.

« Si, au lieu d'employer les tourteaux seulement, on utilise en même temps les fanes des récoltes, par leur immersion dans l'eau avec addition d'une partie du tourteau pour favoriser leur désagrégation et leur décomposition, la culture des plantes oléagineuses deviendra une des plus améliorantes que la théorie conçoive et que l'art puisse réaliser, car la terre bénéficiera, chaque année, de l'azote prélevé sur l'air par les cultures antérieures, en même temps que des minéraux utiles rendus accessibles à la végétation par la désagrégation des roches constitutives du sol.

« Ce 10 novembre 1860. *Signé :* G. Ville, 43 *bis*, rue de Buffon. »

« Vu pour être annexé au brevet de quinze ans, pris le 10 novembre 1860 par le sieur Ville. Paris, le 18 décembre 1860.

« *Pour le Ministre et par délégation,*

« Le Directeur du Commerce intérieur, *Signé* : E. Julien. »

La culture du colza, comme on l'a vu, satisfait à ces deux conditions par l'exportation de l'huile et par le retour au sol des fanes et des tourteaux. Mais le colza n'est pas le seul végétal qui puisse remplir ce but, et on peut dire qu'en général toutes les plantes fournissant des produits hydrocarbonés de quelque valeur peuvent être soumises à un mode de culture analogue. Or les principes hydrocarbonés qui peuvent devenir la source de bénéfices d'une certaine importance sont :

Les huiles grasses,
Le sucre et ses dérivés (alcool),
Les fécules,
Les résines et les essences,
La cellulose (bois, matières textiles).

Mais ces diverses substances ne peuvent être extraites des récoltes qui les contiennent qu'à l'aide d'un traitement industriel approprié : c'est pourquoi nous désignons les systèmes qui reposent sur leur exportation sous le nom de cultures industrielles, c'est-à-dire nécessitant l'adjonction d'une usine à la ferme.

Examinons avec quelques détails chacune des formes que peut prendre dans la pratique cette nouvelle méthode, suivant la nature du principe hydrocarboné qu'elle aura pour objet de produire.

1. Huiles grasses.

Toutes les semences oléagineuses peuvent donner lieu à des résultats analogues à ceux que fournit le colza, et pour donner une idée des bénéfices que l'on peut ainsi obtenir, nous réunirons dans le tableau suivant les données de cette industrie.

Calculs fondés sur un rendement de 28 hectolitres à l'hectare [1].

1° *Vente de la graine*. 28 hectol., à 25 francs. Produit : 700 francs.

2° *Extraction par la presse* (ancien système) :
Poids de l'hectol., 80 kil. ; poids des 28 hectol. = 2240 kil.
2240 k. à 35 p. 100 d'huile = 784 k. d'huile à 1 fr. 20 = 940 fr.
— à 60 p. 100 tourt. = 1344 k. tourt. à 0 fr. 15 = 201

PRODUIT TOTAL. . . . 1141 fr.

[1] Le colza a rendu cette année (1864) au champ de Vincennes, sur engrais complet, 42 hectol. à l'hectare. Nous adoptons néanmoins le rendement de 28 hectol., qui est un résultat agricole moyen.

3° *Extraction par un dissolvant* (nouveau système).
Poids de l'hectol., 80 kil.; poids des 28 hectol. = 2240 kil.
2240 k. à 45 p. 100 d'huile = 1008 k. d'huile à 1 fr. 20 = 1209 fr.
— à 52 p. 100 tourt. = 1665 k. tourt. à 0 fr. 15 = 174

PRODUIT TOTAL. . . . 1383 fr.

On voit que la vente pure et simple de la graine qui ne laisse rien au sol donne un produit de 700 fr. L'extraction de l'huile par la presse donne un produit de 940 fr. en argent et laisse au domaine pour 201 fr. de nourriture pour les bestiaux; c'est donc déjà un progrès important.

Mais le système que propose M. G. Ville est encore bien supérieur, puisqu'il fournit un produit en argent de 1209 fr. et laisse au domaine pour 174 fr. d'un engrais excellent, capable de rendre au sol ce que la récolte lui avait enlevé. Il est le seul qui puisse permettre de cultiver le colza indéfiniment, sans apport d'engrais étranger.

Les cultures du chanvre et du lin, dont nous parlerons bientôt à un autre point de vue, peuvent fournir des résultats analogues.

2. Le sucre et ses dérivés.

La culture de la betterave, qui sert de transition entre les anciens systèmes de culture et ceux dont nous parlons ici, pratiquée comme elle l'est aujourd'hui, ne satisfait encore que partiellement aux conditions que nous avons posées plus haut. Grâce aux nombreux perfectionnements qu'ont reçus dans ces derniers temps les procédés de distillation, la fabrication de l'alcool a pu s'introduire dans les fermes et elle y a réalisé un immense progrès. Toutefois l'emploi des pulpes à la nourriture du bétail fait éprouver au domaine une déperdition qu'il serait peut-être encore possible d'éviter. Supposez, en effet, qu'au lieu de passer par le bétail la pulpe, arrosée des vinasses de distillation, soit directement transportée à la fosse à fumier, alors la totalité des éléments utiles retournera à la terre qui s'enrichira chaque année des excédants d'azote que la betterave aura prélevés sur l'atmosphère. Elle deviendra ainsi capable de produire périodiquement une récolte très-épuisante en azote, du blé par exemple, sans qu'il soit jamais nécessaire de l'enrichir de matières azotées.

Le calcul suivant donnera une idée des avantages de ce mode de culture.

CULTURE DE LA BETTERAVE AVEC ANNEXION D'UNE DISTILLERIE

CALCULS FONDÉS SUR UN RENDEMENT DE 58000 K. DE RACINES FRAICHES, SOIT 9140 K. DE RACINES SÈCHES A L'HECTARE

58,000 kilogr. racines, à 8 pour 100 de sucre, donnent sucre : 4,640 kilogr., qui, transformé en alcool, fournit : alcool absolu, 2,425 kilogr., soit 33 hectolitres d'alcool à 90°, valant, à 50 fr. l'hectolitre, 1,650 fr. 5,800 kilogr. racines donnent, pulpe supposée sèche : 4,651 kilogr., contenant :

Azote.	275 kil.
Acide phosphorique.	34
Potasse.	167
Chaux.	39

Correspondant à

Azote assimilable. . . .	180 kil.	à 2 fr. 00	=	360 fr. 00
Phosphate de chaux. . .	73 —	0 20	=	14 60
Carbonate de potasse.. .	245 —	0 95	=	232 75
Chaux.	39 —	0 01	=	0 39
		Total.		607 fr. 74

On voit donc que tout en fournissant un produit en argent de 1,650 fr. par hectare, cette culture peut laisser à la terre pour une valeur de 608 fr. d'agents de fertilité d'une assimilation certaine et facile.

Supposez qu'au lieu de distiller la betterave on en extraye le sucre. Si l'on a le soin de distiller les mélasses et d'arroser les pulpes avec les résidus de cette distillation, les résultats agricoles que nous venons d'exposer ne seront en rien modifiés; seulement, le sucre ayant une valeur plus grande que l'alcool qu'il est susceptible de produire, les bénéfices en argent se trouveront notablement augmentés.

Malheureusement la sucrerie de betterave n'est pas encore devenue une industrie agricole[1]. La complication des procédés d'extraction du sucre exige la centralisation du travail dans de grandes usines qui s'alimentent de bettteraves venant de distances souvent considérables. Le retour des pulpes à la ferme présente souvent de

[1] A l'heure qu'il est, M. Kessler s'efforce d'organiser la sucrerie agricole, et l'intelligence et le zèle qu'il apporte à son œuvre nous fait espérer qu'il y réussira.

grandes difficultés; que serait-ce donc, s'il fallait encore y rapporter les résidus de la distillation des mélasses?

Mais si la production du sucre par la betterave a ses habitudes et ses exigences, auxquelles il est bien difficile aujourd'hui d'apporter des modifications de quelque importance, il n'en est pas de même du sorgho sucré. Ici rien n'est fait encore, et puisque tout est à créer, rien ne s'oppose à ce que cette nouvelle industrie sucrière soit organisée de prime abord, comme l'exige le point de vue que cette note a pour but de développer. Aussi, est-ce dans cet esprit que j'ai exposé la culture de cette nouvelle plante, dans mes *Études et expériences sur le sorgho sucré*, dont j'extrairai les passages suivants, qui se rattachent directement à la question que je traite ici :

« De tout ce que nous venons d'exposer, on peut conclure, sans crainte d'erreur, que le sorgho est, au point de vue des éléments minéraux, une des cultures les plus épuisantes que l'on puisse entreprendre. La betterave cependant l'emporte sur lui, mais seulement à l'égard des alcalis.

« Le fait de l'épuisement par le sorgho une fois établi, en tirerons-nous, à l'exemple de quelques personnes, la conséquence qu'il faut renoncer à sa culture? Certainement non. L'agriculture n'est, au fond, que l'art de transformer des matières inertes, contenues dans le sol ou apportées artificiellement, en substances utiles et d'une valeur supérieure. Les plantes sont à la fois les outils et les produits de cette transformation, et à ce point de vue la meilleure sera évidemment celle qui opérera le plus vite et le plus abondamment. Loin donc de fuir les végétaux épuisants, l'agriculture me semble devoir les rechercher avec le plus grand soin, puisqu'ils sont susceptibles de produire plus à surface de terrain égale. Seulement, il y a une condition importante à remplir : c'est de maintenir constamment à la disposition des racines tous les matériaux dont la plante doit se nourrir, et l'on y arrivera en la soumettant à un système de culture scientifiquement combiné.

« SYSTÈME DE CULTURE QUI CONVIENT AU SORGHO

« En théorie, il n'y a qu'un seul moyen de perpétuer la fécondité du sol : c'est de lui rendre la totalité des éléments que la culture lui a enlevés. Ce précepte, déjà formulé par la science bien des fois, a presque toujours échoué devant les difficultés de la pratique. Au moyen des assolements, l'agriculture est arrivée, empiriquement, à s'en rapprocher plus ou moins. Mais ce ne sont encore là que des tâtonnements que la science est appelée à remplacer par des règles précises, conduisant à des résultats certains.

« Il y a, en effet, deux moyens généraux de résoudre le problème posé plus haut.

« Le premier consiste à fabriquer de l'engrais avec la plante même et à le répandre sur le sol qui l'a produite. Mais comment le pratiquer, lorsqu'une partie de la récolte est exportée et vendue sur le marché? Les éléments minéraux contenus dans cette partie sont nécessairement perdus pour le sol qui, avec le temps, finira par en être épuisé. Or presque toutes les cultures fournissent des parties destinées à l'exportation, graines, feuilles ou racines.

« Le second procédé consisterait à répandre sur le sol un mélange artificiel contenant en même proportion, en même quantité et sous leur forme la plus assimilable, tous les éléments dont l'analyse accuse la présence dans la récolte. Ce moyen, que la théorie conçoit *à priori*, exige, pour devenir possible, des travaux scientifiques considérables faisant connaître la composition des récoltes et le rôle de chacun des éléments qu'elles renferment. La première partie de la question ne trouve encore qu'une solution fort incomplète dans les nombreuses analyses que possède la science, analyses faites, pour la plupart, dans un but différent ; mais on peut y suppléer en se livrant, pour la plante dont on s'occupe, à un travail analogue à celui que j'ai précédemment exposé à l'égard du sorgho. Quant au rôle de chacun des éléments, il est aujourd'hui à peu près connu, grâce aux nombreux travaux de M. G. Ville sur l'assimilation des éléments minéraux, et l'activité avec laquelle ce savant poursuit ses recherches nous promet une solution prochaine aux questions qui ont encore besoin d'être élucidées. On conçoit donc dès aujourd'hui la possibilité pour l'agriculture de se lancer dans cette voie. Mais l'industrie ne s'étant pas encore mise en mesure de produire à bon marché les matériaux nécessaires, il faudra probablement encore laisser écouler quelques années avant d'entrer largement dans l'application.

« Ce qu'il convient donc de faire, dès à présent, c'est de recourir à un système mixte en rendant au sol toutes les parties de la plante que l'on peut se dispenser d'exporter, et en compensant les pertes produites par l'exportation au moyen d'un apport de substances étrangères prises parmi celles que le commerce est en mesure de livrer à des prix convenables, telles que phosphates de chaux, nitrates, sels ammoniacaux, etc., etc.

« Tels sont les principes applicables à la généralité des cas; il est cependant quelques cultures qui peuvent particulièrement se prêter au premier procédé, consistant à rendre au sol la plante elle-même. Ce sont celles dont le produit exportable, exclusivement composé de carbone, d'hydrogène et d'oxygène, a été prélevé en totalité sur l'atmosphère. Le sorgho sera de ce nombre, si l'on adjoint à l'exploitation agricole un établissement industriel capable d'en extraire le sucre ou de le transformer en alcool. A ne prendre cette fabrication que dans son ensemble (j'entrerai plus loin dans quelques détails à son sujet), elle consiste essentiellement en une séparation de la récolte en trois parties : tiges, feuilles et graines. Les tiges sont exprimées ou traitées par macération pour en extraire le jus, et il reste une bagasse. Si le jus est distillé, la totalité des matières minérales solubles reste dans les vinasses, et il suffira pour préparer l'engrais de faire un mélange de la bagasse et des feuilles et de l'arroser avec la vinasse dans une fosse à fumier. Si, au contraire, l'on extrait le sucre, les matières minérales solubles restent dans les mélasses. Celles-ci sont distillées, et l'on retombe dans le cas précédent. Quant à la graine, elle peut être exportée, et alors elle fait éprouver une déperdition dont on a la valeur dans le tableau donné précédemment. Si l'on tient à éviter cet épuisement, on le peut encore en distillant la graine elle-même, et de cette façon on se procure des résidus très-riches en azote qui, ajoutés aux autres résidus dont j'ai déjà parlé (bagasse, feuilles et vinasse), en déterminent rapidement la putréfaction et sont éminemment favorables à la production d'un excellent fumier.

« Le sorgho traité de cette façon donnera un produit d'une valeur importante, sans faire éprouver au sol le moindre appauvrissement, puisque la totalité de l'azote et des matières minérales que la récolte lui avait enlevés lui sera rendue. Il y a plus, la récolte contenant toujours plus d'azote que le sol ne lui en a fourni, le domaine gagnera des quantités croissantes de cet élément, de telle sorte qu'il sera possible de lui demander, à des intervalles de temps que la pratique seule pourra déterminer, une récolte très-azotée, telle que le froment, sans pour cela diminuer sa fécondité, à la condition toutefois de lui rendre les phosphates et les alcalis exportés par cette récolte.

« Ce n'est point ici le lieu d'entrer longuement dans les détails de l'application. Ce que j'ai dit suffit, ce me semble, pour établir que grâce aux indications de la science il est possible aujourd'hui de cultiver indéfiniment une même plante, sans pour cela appauvrir le sol, et pour montrer que le sorgho, soumis à ce système de culture où l'industrie et l'agriculture se donnent la main, est susceptible d'offrir des produits très-rémunérateurs, tout en développant la fécondité du sol. »

Veut-on maintenant se faire une idée de l'importance des produits que cette culture peut fournir, on la trouvera dans la citation suivante du même ouvrage :

« On peut estimer en moyenne à 60 pour 100 du poids des tiges de sorgho le jus que l'on en peut obtenir. Cette quantité peut s'élever un peu avec des presses très-énergiques ; mais les dernières portions exigent une dépense de force qui n'est point compensée par leur valeur ; il est donc préférable de les abandonner. Un hectare de sorgho produisant 50,000 kilogr. de tiges fournira donc 300 hectolitres de jus, contenant en moyenne 13,57 pour 100 de sucre cristallisable, soit 4,071 kilog. pour les 300 hectolitres. Le sucre réducteur existant, en moyenne aussi, dans la proportion de 1,19 pour 100, les 300 hectolitres de jus en contiendront 357 kilogr. Donc en somme le produit en sucre d'un hectare se subdivise ainsi qu'il suit :

Sucre cristallisable.	4071 kil.
Sucre réducteur.	357
TOTAL.	4428 kil.

« Si l'on admet que le sucre réducteur empêche de cristalliser deux fois son poids de sucre prismatique, il restera encore 3,357 kilogr. de sucre parfaitement cristallisable et 1,041 kilogr. de mélasse.

« Qu'au lieu de faire cristalliser le sucre on fasse fermenter le jus pour en retirer de l'alcool, la totalité du sucre éprouvant la fermentation, le produit théorique en alcool sera de 2,263k,593, soit 28 hectolitres d'alcool absolu.

« La betterave donne en moyenne, d'après les renseignements officiels, de 1,500 à 1,600 kilogr. de sucre brut à l'hectare, et, selon

M. Payen, 26 hectolitres d'alcool à 50°, soit seulement 15 hectolitres d'alcool absolu.

« On voit que les produits de la tige du sorgho, soit en sucre, soit en alcool, sont à peu près doubles de ceux de la betterave. En supposant donc que dans la pratique les chiffres que je viens de donner se réduisent de moitié, on tomberait encore sur des rendements égaux à ceux de la betterave; et la culture du sorgho resterait fort avantageuse.

« La graine de sorgho, telle qu'on la récolte, c'est-à-dire enveloppée de ses glumes, produit environ le tiers de son poids en farine contenant à peu près 50 pour 100 d'amidon, soit 15 pour 100 de la graine. L'amidon fournissant à peu près son poids d'alcool absolu, on peut estimer à 6 à 7 pour 100 du poids de la graine la quantité d'alcool que l'on en peut extraire, soit pour un hectare donnant 5,000 kilogr. de grains, 300 à 350 kilogr. d'alcool absolu, produisant 6 à 7 hectolitres d'alcool à 50°. Par cette quantité d'alcool, la graine viendrait largement en aide à la fabrication du sucre par la méthode que j'ai indiquée précédemment. »

Que l'on destine donc le sorgho à la distillerie ou à la sucrerie, il peut parfaitement se prêter à la culture continue et sans addition d'engrais étranger, à la seule condition de n'exporter que le sucre ou l'alcool produits. Il le peut d'autant mieux, que la sucrerie et la distillerie du sorgho exigeant l'emploi des mêmes appareils pourront être aussi bien l'une que l'autre annexées à la ferme. L'agriculteur fabriquera à volonté du sucre ou de l'alcool suivant l'état de ses récoltes, ou suivant les variations du marché [1].

La culture des topinambours peut donner des résultats analogues, et ce que nous venons de dire de la betterave et du sorgho nous dispense d'insister sur cette plante.

3. Les fécules.

Comme le sucre et les huiles grasses, les fécules sont exclusivement composées de carbone, d'hydrogène et d'oxygène, et par conséquent formées aux dépens de l'atmosphère.

[1] Pour tous les détails concernant la culture et l'extraction des produits du sorgho, voir mes *Etudes et expériences sur le sorgho sucré*. Paris, 1864, chez Étienne Giraud, éditeur, rue Saint-Sulpice, 20, et chez tous les libraires.

Les plantes qui les produisent pourraient donc aussi se prêter à l'application du principe des *cultures industrielles*. L'extraction de la fécule de la pomme de terre, par exemple, n'est pas une opération bien difficile, et peut-être serait-il possible de créer pour ce travail un outillage assez simple pour qu'il pût s'introduire dans les fermes. Dès lors l'agriculteur pourrait utiliser ainsi ses récoltes de pommes de terre et composer un engrais avec les fanes et les pulpes arrosées des premières eaux de lavage de la fécule. Nous n'insisterons pas davantage sur cette nouvelle industrie pour laquelle nous n'avons encore aucune donnée précise, et qui ne s'est présentée sous notre plume que pour satisfaire la logique du point de vue dont nous essayons de faire comprendre toute la généralité.

4. Résines et essences.

Si la féculerie agricole n'est encore qu'un rêve théorique, il n'en est point ainsi de l'extraction des résines, et notamment de la térébenthine de pin.

On ne peut parcourir les landes de Bordeaux sans être frappé du contraste qui existe entre la végétation luxuriante du pin résineux et la désolante pauvreté des cultures agricoles. Dans ces contrées, en effet, la seule culture productive est celle du pin, qui fournit, chaque année, une abondante récolte de térébenthine et n'exige aucun engrais et presque aucun soin.

La raison en sera maintenant facile à saisir : Le pin croît avec une extrême lenteur. Il ne faut pour assurer son développement que des quantités très-faibles de matières salines et azotées ; aussi cette terre des landes, si pauvre en agents de fertilité, suffit-elle à satisfaire ses exigences. Le froment et les fourrages, au contraire, réclamant des quantités relativement considérables de ces mêmes éléments, ne peuvent prospérer sur un sol aussi dénué. D'un autre côté, à mesure que le pin grandit, ses racines plongent plus profondément, embrassant un plus grand volume de terre, et par conséquent trouvent des quantités croissantes des éléments qu'elle renferme ; les racines des plantes agricoles, au contraire, sont limitées à une couche de peu d'épaisseur, qu'elles épuisent rapidement et qui demeure impuissante à les nourrir. Mais il y a encore une observation bien plus importante à faire. Tandis que les agents de fertilité prélevés par les récoltes agricoles sont le plus ordinairement perdus pour la terre, puisqu'ils sont exportés et ne reviennent qu'en très-faibles quantités sous forme de fumiers; ceux, au contraire, qui ont servi à la nutrition du pin font constamment retour au sol par la chute des aiguilles (feuilles). Celles-ci se décomposant lentement au pied de l'arbre, ramènent à la surface du sol les principes que les racines étaient allées chercher plus ou moins profondément. L'eau se charge ensuite de répandre ces matériaux dans la masse de cette terre excessivement perméable et de les remettre à la disposition des racines de l'arbre même qui les avait déjà utilisés. Le seul produit exporté, la térébenthine, ne fait rien perdre au sol, puisqu'elle ne renferme que des éléments venus de l'air et de l'eau, et la terre peut-être cultivée indéfiniment ainsi, sans jamais se montrer inféconde.

5. La cellulose.

Dans la culture du pin résineux dont nous venons de parler, lorsque les arbres vieillis ne produisent plus de térébenthine, on les arrache et on exporte le bois. De cette façon, ils fournissent un produit presque entièrement composé d'éléments venant de l'air et de l'eau. A part quatre millièmes environ de substances minérales, la totalité de la matière est constituée par du ligneux, c'est-à-dire de la cellulose incrustée, exclusivement formé de carbone, d'hydrogène et d'oxygène.

Par l'exportation du bois, la culture du pin résineux rentre donc encore, sinon complétement, du moins en grande partie, dans notre point de vue. Nous pourrions faire voir qu'il en est exactement de même des cultures forestières. Tandis que le bois exporté ne renferme guère que de la cellulose, les feuilles, riches en azote, en phosphates et en alcalis, tombent au pied de l'arbre et par leur décomposition restituent au sol les éléments dont leur formation l'avait appauvri. Nous serions ainsi amenés à considérer l'arbre des forêts comme un puissant dialyseur qui va chercher dans les profondeurs du sol les principes utiles qu'elles recèlent pour les ramener à la surface où ils restent associés à l'humus qui résulte de la lente destruction de la partie organique des feuilles. L'immense fertilité des forêts récemment défrichées ne présenterait dès lors plus rien de surprenant, puisque les cultures agricoles viennent, dans ce cas, bénéficier de tous les éléments de fertilité

que la forêt avait extraits pendant des siècles d'un cube de terre infiniment plus grand que celui qui alimente les plantes herbacées.

Mais ces perspectives nous entraîneraient trop loin de notre sujet, qui doit rester essentiellement pratique; aussi nous empresserons-nous de revenir aux cultures purement agricoles, en présentant quelques considérations sur les plantes textiles qui, elles aussi, peuvent se prêter à l'application de nos systèmes industriels.

Les plantes textiles, et notamment le chanvre et le lin, sont connues des cultivateurs pour être extrêmement épuisantes. Tous les agronomes s'accordent à recommander, pour ces cultures, l'emploi de terres d'excellente qualité et à prescrire des doses énormes de fumiers. Le tableau suivant donnera l'explication de ce fait, constaté par la pratique :

	Chanvre.	Lin.
Récolte moyenne à l'hectare. . .	8000 kil.	5000 kil.
Azote contenu.	139	45
Acide phosphorique *id*.	12	26
Potasse *id*.	27	45
Chaux *id*.	152	40 [1]

Si l'on transforme, par le calcul, l'acide phosphorique en phosphate de chaux et la potasse en carbonate de potasse, on arrive aux résultats suivants :

	Chanvre.	Lin.
Phosphate de chaux.	26 kil.	56 kil.
Carbonate de potasse. . . .	40	66
Chaux.	152	40
Total. . . .	218 kil.	162 kil.

On voit que, sans parler de l'azote qui peut être en partie puisé dans l'air, une récolte moyenne de chanvre emprunte au sol 218 kilogr. de matières minérales, dans lesquelles les phosphates entrent pour 26 kilogr. et la potasse pour 40 kilogr. Le lin, beaucoup moins chargé de chaux, l'est au contraire davantage en phosphates et en potasse; aussi sa culture est-elle encore plus dispendieuse que celle du chanvre, bien que le poids brut des récoltes soit inférieur. Il est bien entendu que nous ne parlons ici que de la tige, ce qui concerne les graines se rattachant plus

[1] Ces résultats sont calculés d'après les analyses de Kane.

particulièrement à l'huilerie dont nous avons déjà fait l'histoire.

A la manière dont on travaille actuellement les chanvres et les lins dans la plupart des contrées qui les produisent, la totalité des éléments de fertilité qu'ils renferment est perdue pour la terre et va se disperser dans les eaux où s'exécute le rouissage. Cependant la filasse, seul produit que l'on ait en vue d'obtenir, n'est composée que de cellulose. La totalité des substances minérales et azotées, pourrait donc retourner au sol si, au lieu de rouir par macération, on recourait à des procédés qui permissent de séparer les fibres textiles sans perdre les principes qui les accompagnent.

Pour arriver à un semblable résultat, il faut opérer le rouissage au moyen d'agents chimiques capables de dissoudre les matières étrangères à la filasse, sans altérer celle-ci, et disposer les appareils de manière à concentrer les dissolutions sous un faible volume.

Voici donc que la question du rouissage chimique, si intéressante au point de vue industriel, le devient plus encore au point de vue agricole.

Cette question est des plus complexes, elle a été l'objet de nombreux et persévérants travaux dont l'origine remonte à plus d'un siècle. En 1755, Marcandier proposait déjà le rouissage rapide au moyen de l'eau chaude et même de lessive, procédés dont on a fait grand bruit depuis, qui ont été réinventés nombre de fois, et qui pourtant ne sont guère entrés dans la pratique qu'en Angleterre, où tout était mieux préparé que chez nous pour cette innovation.

L'an XI de la République française, Bralle fit de nombreux essais en présence de MM. Monge, Berthollet et Tessier, sous la direction de M. Molard, administrateur du Conservatoire des arts et métiers. Le résultats furent on ne peut plus satisfaisants. Bralle faisait plonger le chanvre à rouir dans l'eau chaude contenant une certaine quantité de savon vert, et obtenait ainsi un complet décollement des fibres textiles en deux heures de macération. Ce résultat, constaté par les savants les plus connus, fut répandu par une circulaire ministérielle. Rien ne lui manqua donc sous le double rapport de l'authenticité et de l'autorité; cependant son application ne s'est point répandue, et il est en quelque sorte retombé dans l'oubli.

Il est facile de s'en rendre compte. Pour rouir 100 kilogr. de chanvre fournissant de 12 à 15 kilogr. de filasse brute, il fallait échauffer une masse d'eau de 1550 litres et consommer 2 kilogr. d savon vert, ce qui élevait beaucoup trop le prix de revient de la filasse eu égard à son prix de vente.

On ne tarda pas à s'apercevoir que le plus grand obstacle à l'usage du rouissage chimique n'était pas dans le choix de l'agent qu devait être employé, mais bien dans la quantité de cet agent, que qu'il fût, qu'absorbait en pure perte la chènevotte, et dans le volume considérable de dissolution que sa présence rendait nécessaire. De là à chercher des machines pour se débarrasser préalablement de la chènevotte, il n'y avait qu'un pas, et il a fallu cinquante ans pour le franchir !

Les engins primitifs qui servaient à teiller, c'est-à-dire à détacher l'écorce du chanvre ou du lin après rouissage, se montraient complétement impuissants lorsque la tige n'avait encore subi aucune préparation.

Dès 1818, M. Christian, directeur du Conservatoire des arts et métiers, à Paris, proposait une machine destinée à teiller les textiles avant le rouissage, et depuis cette époque de nombreuses modifications ou inventions nouvelles se sont produites, résolvant chacune quelque partie du problème, mais laissant toutes beaucoup trop à désirer pour que leur application en grand pût prendre définitivement racine dans notre industrie.

Les idées mécaniques succédant aux idées chimiques produisirent une erreur générale. Les inventeurs de machines s'imaginèrent que, grâce à leurs engins, ils pourraient arriver à la suppression complète de tout rouissage. Ils crurent qu'ils parviendraient à fabriquer de la filasse parfaite du premier jet ; mais jamais le succès n'est venu couronner leurs espérances.

La raison en est bien simple. Dans l'écorce de la plante les fibres se trouvent agglutinées, collées ensemble par un principe de nature albumineuse qu'aucun traitement mécanique ne peut détruire. C'est à dissoudre ce principe que le rouissage est destiné, et sans rouissage on ne peut arriver à séparer les fibres les unes des autres, autant que l'exige leur emploi à la corderie fine ou à la filature. En outre, le teillage mécanique laisse avec les filaments les éléments putrescibles qui les accompagnent dans la proportion de 20 pour 100 au moins, et, à la moindre humidité, ils s'échauffent, fermentent et déterminent la pourriture des objets fabriqués avec la filasse non rouie. D'ailleurs, à la longue et par l'usage, ces matières étrangères à la filasse proprement dite sont peu à peu dissoutes, et les cordages ou les tissus perdent ainsi de leur poids et, par conséquent, de leur force 20 pour 100 au moins.

La véritable solution consiste donc bien plutôt dans l'interversion des deux opérations du rouissage et du teillage que dans la suppression complète de la première. Le teillage étant pratiqué le premier, il devient possible de recourir ensuite aux agents chimiques pour le rouissage, la chènevotte ne venant plus, comme autrefois, élever les frais dans la proportion de 70 pour 100.

Réunir donc à de bonnes machines à teiller un système rapide et économique de rouissage chimique, tel est le but que l'on devait se proposer, tel est aussi le problème que prétend résoudre un nouvel inventeur, M. Bertin.

Les machines jusqu'ici proposées ne fournissaient qu'un travail imparfait; elles consistaient toutes en une série plus ou moins compliquée de laminoirs qui écrasaient la chènevotte, la brisaient dans divers sens, mais ne la détachaient que très-imparfaitement des fibres textiles. Après avoir perfectionné ce système de laminage, M. Bertin a eu l'idée de lui adjoindre un organe nouveau, consistant en deux tables sans fin, striées ou cannelées, superposées l'une à l'autre et animées d'un double mouvement de translation et de va-et-vient. Après avoir été brisée et concassée de plus en plus finement par les laminoirs, la tige vient passer entre ces tables, où elle subit une friction longitudinale extrêmement énergique qui détache complétement la chènevotte, sans faire subir le moindre dommage aux fibres textiles. Celles-ci passent ensuite dans un batteur, lequel les débarasse de toute parcelle de bois, et, finalement, sortent de la machine complétement épurées et conservées dans toute leur longueur et leur parallélisme.

Le principe des tables à frictions a été une idée des plus heureuses. Judicieusement appliqué par son inventeur à d'autres machines destinées à laver et à assouplir la filasse après son rouissage, il lui a fourni des engins qui, réunis à sa teilleuse, forment un ensemble de procédés mécaniques entièrement nouveau et fournissant un travail économique rapide et parfait.

Aux procédés mécaniques dont nous venons de parler, M. Bertin a eu la pensée éminemment juste, comme nous l'avons précédemment établi, de joindre un rouissage chimique capable de donner rapidement et à peu de frais des filasses entièrement débarrassées

8

des matières résineuses et azotées qui agglutinent leurs filaments.

Selon son inventeur, ce nouveau système, au seul point de vue industriel, réalise à la fois une économie de main-d'œuvre, une augmentation dans le rendement et une amélioration dans la qualité.

Mais voici le côté par lequel il intéresse surtout l'agriculture et comment il vient faire rentrer les textiles dans le giron de nos systèmes industrïels.

Dans le rouissage chimique employé par M. Bertin, il n'entre aucune substance nuisible à la végétation. Aussi se propose-t-il de concentrer les eaux de rouissage chargées des principes enlevés à la plante, de les faire absorber aux chènevottes brisées que l'on recueille sous les machines et de préparer ainsi un excellent engrais qui restituera au sol la totalité des éléments contenus dans la récolte.

Grâce à cette restitution, l'épuisement ne sera plus à redouter et les agriculteurs, débarrassés du même coup de la nécessité de se procurer des eaux pour le rouissage, pourront donner à la culture des textiles toute l'extension que la crise cotonnière a rendue indispensable.

Ces divers exemples, qu'il sera sans doute possible de multiplier beaucoup dans l'avenir, donneront une idée de la fécondité de ce nouveau point de vue des systèmes de culture dits industriels, récemment introduit dans la science agricole par M. G. Ville, et qui nous paraît éminemment propre à établir une transition pratique entre l'agriculture du passé et celle de l'avenir.

FIN

TABLE DES MATIÈRES

PARIS. — IMP. SIMON RAÇON ET COMP., RUE D'ERFURTH, 1.

PARIS. — IMP. SIMON RAÇON ET COMP., RUE D'ERFURTH, 1.

www.ingramcontent.com/pod-product-compliance
Ingram Content Group UK Ltd.
Pitfield, Milton Keynes, MK11 3LW, UK
UKHW020913180726
13838UKWH00002B/527

9 782329 371610